JN206519

ウサギノネドコ

あなたが知らない ウニの世界

Diversity, Symmetry & Design

アシュリー・ミスケリー ＝ 著
Ashley Miskelly

坪田 征 ＝ 訳　田中 颯 ＝ 監訳

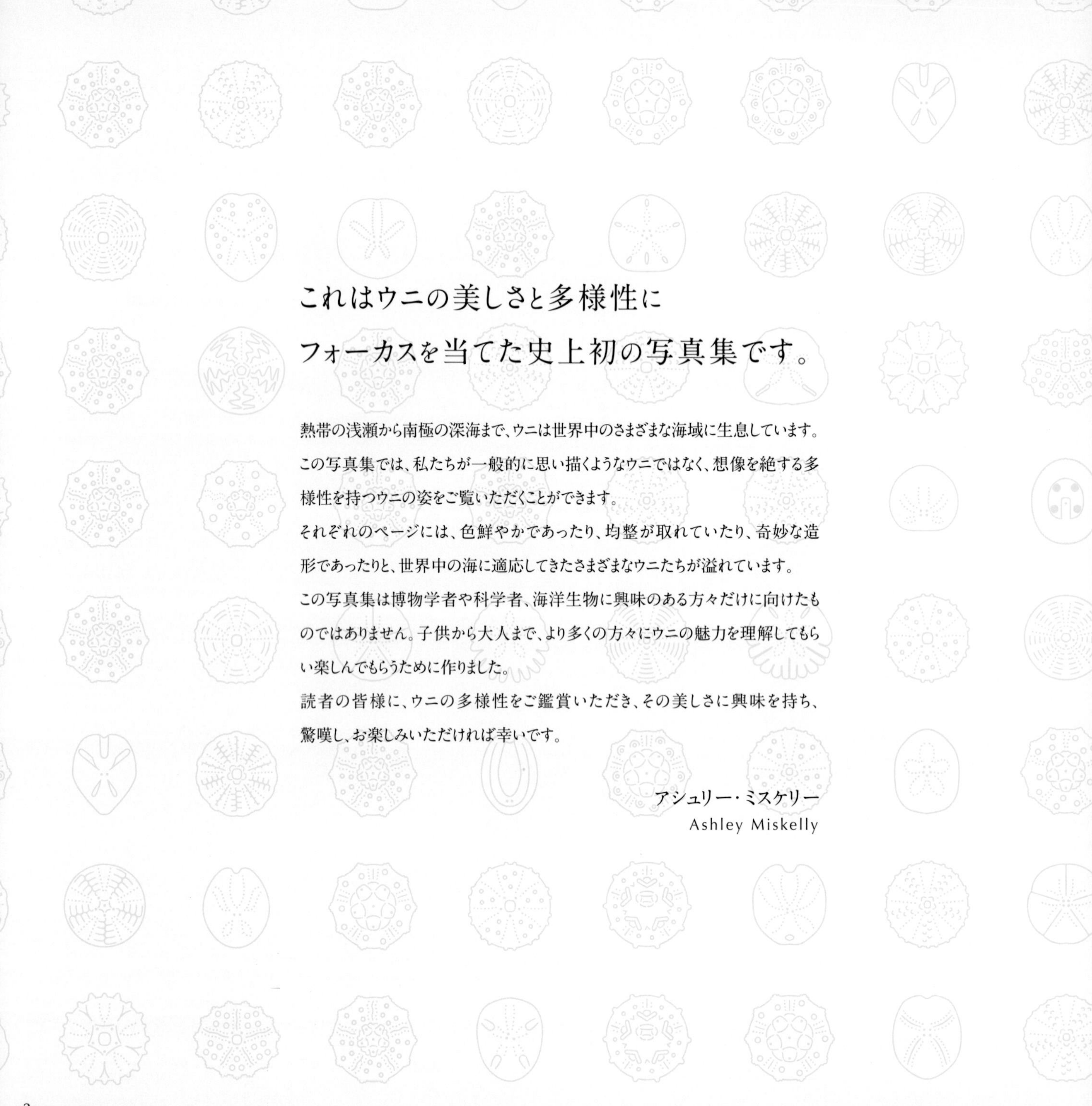

これはウニの美しさと多様性に
フォーカスを当てた史上初の写真集です。

熱帯の浅瀬から南極の深海まで、ウニは世界中のさまざまな海域に生息しています。この写真集では、私たちが一般的に思い描くようなウニではなく、想像を絶する多様性を持つウニの姿をご覧いただくことができます。
それぞれのページには、色鮮やかであったり、均整が取れていたり、奇妙な造形であったりと、世界中の海に適応してきたさまざまなウニたちが溢れています。
この写真集は博物学者や科学者、海洋生物に興味のある方々だけに向けたものではありません。子供から大人まで、より多くの方々にウニの魅力を理解してもらい楽しんでもらうために作りました。
読者の皆様に、ウニの多様性をご鑑賞いただき、その美しさに興味を持ち、驚嘆し、お楽しみいただければ幸いです。

アシュリー・ミスケリー
Ashley Miskelly

はじめに Introduction

浜辺へ行ったことがある人ならば、ウニは干潮時の岩場に多く見られる、黒い棘のある生き物だとご存知でしょう。ウニは死ぬと棘を失い、卵のような形になります。

ウニは世界中のほとんどの海岸沿いに生息していることが知られています。しかし、ウニの想像を超えた多様性や美しさについては、あまり知られていません。

過去数十年の間、ウニに関する数多くの論文が科学雑誌で発表され、また無数の書籍において、このユニークな海洋生物についての概略的な情報が紹介されてきました。

しかし、知識分野では埋められていない隙間が今まで常にありました。本書の目的は、世界中の浅瀬や深海に生息しているウニの多種多様な色合いと造形をビジュアルで示すことによって、この隙間を埋めることです。

それは美しい完璧なデザインの世界でありながら、同時に、まだよく知られていない世界でもあります。

本書を編集するにあたって、私は最高の状態の標本を選定し、準備し、撮影しました。

本書は種を同定するためのガイドとして使われることを想定していないため、文章は簡潔にしてありますが、学名のほか、生息する地域と深さ、おおよその大きさなどの情報を含む説明文も付してあります。

目次 Contents

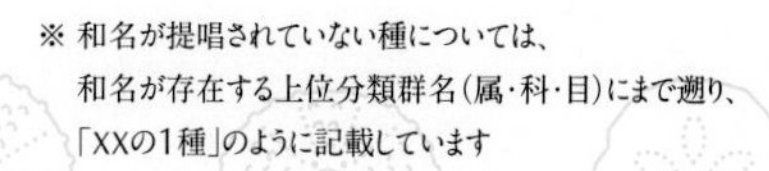
※ 和名が提唱されていない種については、
和名が存在する上位分類群名(属・科・目)にまで遡り、
「XXの1種」のように記載しています

ウニとは | Preface

ウニの美しさと多様性を十分に理解し、楽しむためには、その主な特徴をとらえ、この魅力的な海洋無脊椎動物について、全体像を描いてみるのがよいでしょう。

❶ 生物学的分類

ウニ、あるいはウニ綱とは「echinoderm（棘皮動物）」として知られる海棲無脊椎動物の一部です。「echinoderm」という名前は「棘のある皮膚」の意味で、「ハリネズミ」を意味するギリシャ語「echinos」から由来しています。他の棘皮動物としては、ヒトデ（ヒトデ綱）、クモヒトデ（クモヒトデ綱）、ナマコ（ナマコ綱）、ウミシダおよびウミユリ（ウミユリ綱）などが挙げられます。

棘皮動物はあらゆる海に生息しており、潮間帯域から水深約7,500 mの深海に至るまで見ることができます。棘皮動物の多くは五放射相称（五角形）で、すべてが「管足」を持っています。

ヒトデ綱である*Acanthaster planci*（オニヒトデ）は棘で身を守っており、棘が人間の皮膚に刺さると大きな刺激が生じます。この種はしばしば、サンゴ礁を食べて破壊することがあります。

海中を漂うウミシダ（ウミユリ綱）は、多くの海洋環境に生息しています。ウミシダは泳ぎ回ることができ、腕と羽枝で水中の餌を捕捉するほか、巻枝を使って固い物体につかまります。ウミユリもウミユリ綱ですが、1本の茎から伸びる小根で海底に着生し、深海のみに生息しています。

クモヒトデとテヅルモヅル（クモヒトデ綱）は、中心の盤から蛇のような腕が出ています。これらの腕を使って、通過する海流の中に浮かんでいる餌の粒子をつかまえます。

ナマコ（ナマコ綱）は、特殊な触手を使用して周囲に浮遊している餌の粒子をろ過します。海底の堆積物の中へ潜り込むものもいれば、海底の表面で露出したまま生息しているものもいます。

棘皮動物

ウニ綱

ヒトデ綱

サンゴを食べる*Acanthaster planci*（オニヒトデ）。グレート・バリア・リーフ、ヘロン島

ウミユリ綱

海中を漂う*Himerometra robustipinna*（ジャバラハネウミシダ）。グレート・バリア・リーフ、ヘロン島

クモヒトデ綱

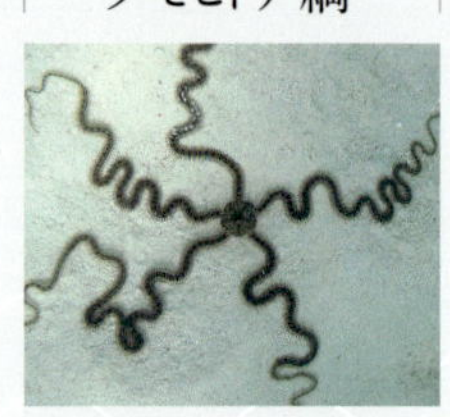

非常に長い腕を持つ*Macrophiothrix* sp.（ウデナガクモヒトデ属の1種）。グレート・バリア・リーフ、ヘロン島

ナマコ綱

Holothuria (Theelothuria) michaelseni（クロナマコ属の1種）。西オーストラリア州、ニンガルー・リーフ

❷ ウニの分類

大まかに言って、3種類のウニが存在します。1つめの一般的なタイプのウニ（以降「正形ウニ」という）は、五放射相称の形をしており、よく発達した顎を持っています。2つめのブンブク（ブンブク目）は、楕円形やハート形の左右相称で、顎を持っていません。3つめのタコノマクラ（タコノマクラ目）とカシパン（カシパン目）は、平たい左右相称で、よく発達した顎を持っています。

これら3グループと同じ特徴を持つ他のウニも存在しましたが、そのほとんどは時代の経過とともに死滅したため、現存している種はあまりありません。

● 3種類のウニの形

1．正形ウニ

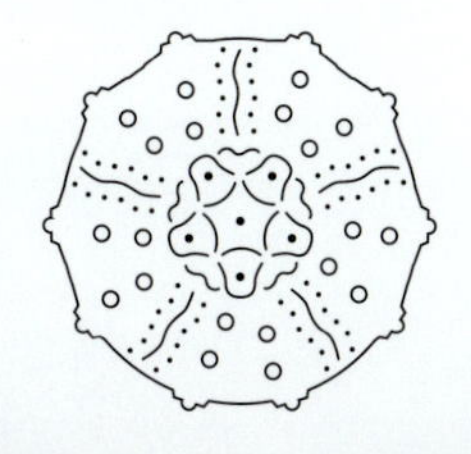

Phyllacanthus forcipulatus（バクダンウニ属の1種）の殻。周口膜の位置に歯があることが分かる。フィリピン、パロット島

2．ブンブク（ブンブク目）

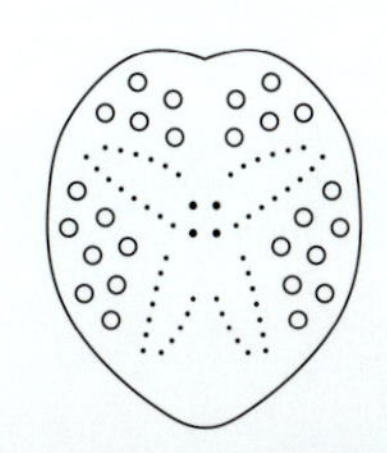

棘のない天然色のブンブク、*Breynia australasiae*（ヒラタブンブクモドキ属の1種）。オーストラリア、ロード・ハウ島

3．タコノマクラ（タコノマクラ目）とカシパン（カシパン目）

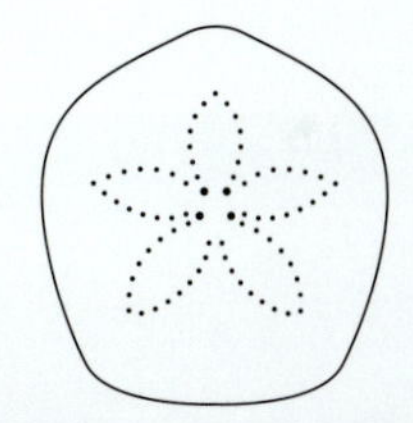

棘のない*Echinodiscus tenuissimus*（フタツアナスカシカシパン）。バヌアツ

❸ 構造

ウニの殻は、カルサイト（炭酸カルシウム）で作られています。ウニの表面は薄い皮膚の層で覆われているため、この殻は私たちの骨と同じ、内骨格です。あらゆるウニの殻は、20列の縦の殻板が互いに接合されてできています。そのうち10列（2列ずつまとまっている）は、「歩帯」、残りの10列は「間歩帯」と呼ばれています。各殻板の表面にあるつまみのような突起部「棘疣」には棘が接続し、玉継ぎ手と似たような機能を果たします。

歩帯には「孔対」という小さな孔が対になって開いています。ウニが生きている時は、この「孔対」から吸盤付きの管足が突き出しています。管足の伸び縮みは、水圧によってコントロールされています。棘を取り除いたウニの殻の内側に明かりを差し入れると、「孔対」の部分が美しいアクセントとなり、ウニの自然な色合いが強調されます。

❹ 色

自然の状態で輝く滑らかな表面を持つ多くの貝殻（軟体動物）と異なり、棘が抜けたウニの殻は、多孔性のカルサイト構造であるために、チョークのような外観になります。ウニの天然色を生み出す化学的色素は、日光で非常に退色しにくい性質を持っています。もとからあまり冴えない色のウニもありますが、それ以外のウニでは、すべての有機組織が完全に取り除かれ、標本の清潔さが保たれる限り、何年も明るい色を維持し続けることができます。ブンブクやタコノマクラ、カシパンは、いくつかの例外的な種を除き、岸に打ち上げられると、直射日光にさらされて有機組織が少しずつ分解していき、白色に変わります。

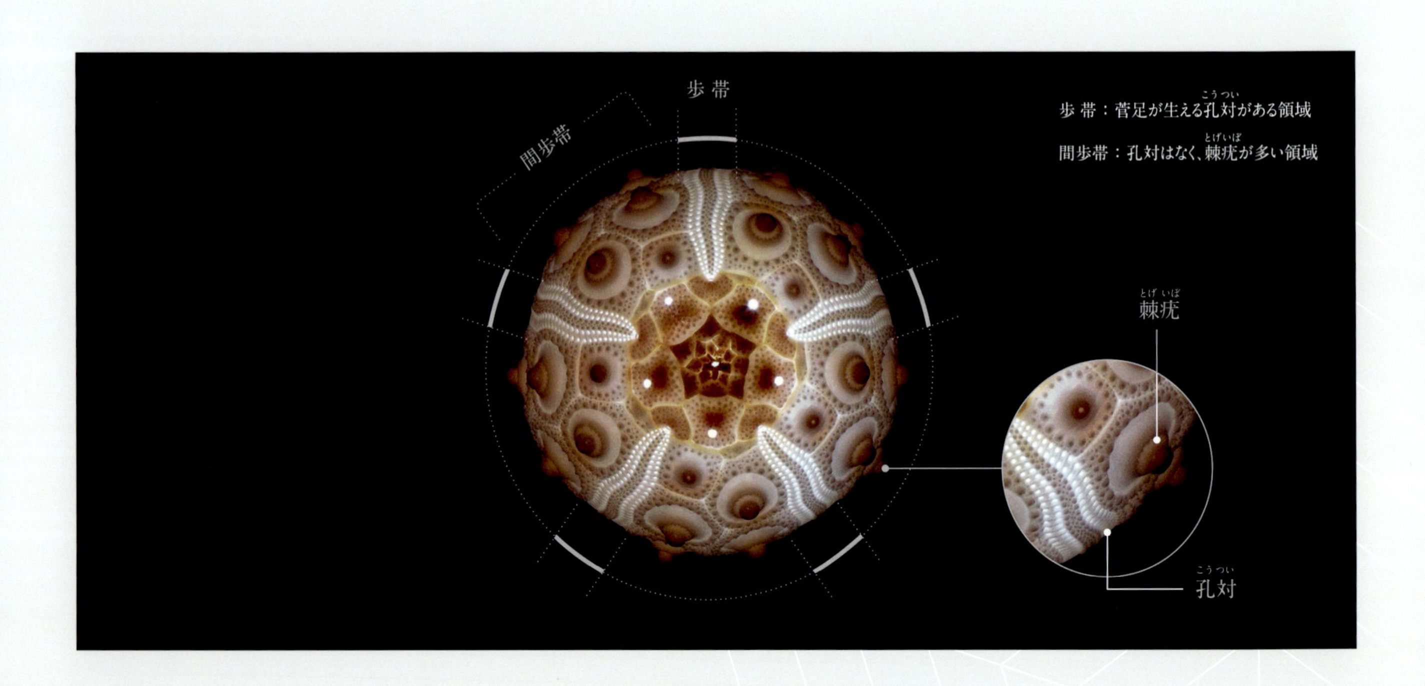

❺ 生 態

ウニは、多種多様な海洋環境に生息しています。温帯域では、正形ウニは、藻類(特にコンブ類)に身を寄せて波に揺られたり、岩の割れ目に入り込んだり、サンゴ岩の下に隠れたりしています。

正形ウニは、特に夜間の食事の際に、海底をゆっくり移動することがあります。ブンブクは、特殊化した平たい棘を使って移動する一方で、他の棘を使用して身を守ったり、深さ30 cm程の穴を掘ったりします。また、タコノマクラ、カシパンは、海底にそのまま横になるか、薄い砂の層の下に部分的に埋まって生息します。

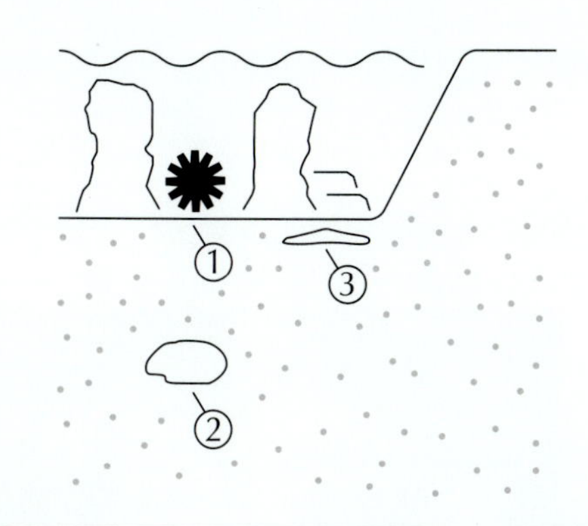

❻ 食 事

潮間帯の岩礁域に生息している正形ウニは雑食性です。お気に入りの餌は海藻で、5本の歯を備える強力な顎を使って、固い岩からこそぎ落とします。

潮下帯に生息しているウニは、吸盤付きの管足や棘を使って、堆積物から藻類や岩屑(デトリタス)を掘り出します。ブンブクやタコノマクラ、カシパンの仲間はデトリタス食性で、海洋環境の中で小型掃除機のような役割を果たします。海底の堆積物を取り込み、デトリタスに含まれる微生物やその他の餌を消化した後、きれいな砂を排泄して海洋環境に戻します。

❼ 発 生

ウニは、あらゆる海に生息しており、特にインド-太平洋の種は多様です。また驚くべきことに、南極の周辺にも同じくらい多数のウニが生息しているだけでなく、独自の動物相も形成しています。南極周辺の冷たい海では、キダリスやブンブクの仲間が大半を占めており、タコノマクラやカシパンの仲間は全く見つかっていません。なお地中海は、世界の海洋の中でもウニの多様性が特に乏しいことが特徴です。

① 正形ウニ

干潮時に岩の隙間に潜む*Heliocidaris erythrogramma*(オーストラリアムラサキウニ)。オーストラリア、シドニー、ボタニー湾

② ブンブク(ブンブク目)

ブンブクの大型種である*Brissus agassizii*(オオブンブク)は、深さ約20 cmの穴を掘る。オーストラリア、ニューサウスウェールズ州、チャイナマンズ・ビーチ

③ タコノマクラ(タコノマクラ目)とカシパン(カシパン目)

砂に埋まる途中の*Peronella tuberculata*(ヨツアナカシパン属の1種)。西オーストラリア州、ニンガルー・リーフ、ジュラビ・ポイント

❽ 捕食者と防御

ウニの最も効果的な防衛手段は棘です。ただし、その見た目は恐ろしいですが、基本的には毒を持っているわけではありません。棘の先端に毒があるのは、主に深海に生息しているウニの1グループ（フクロウニ目）のみで、刺されると強い痛みを引き起こします。また、すべてのウニは、「叉棘」と呼ばれる微小構造を持っており、これらは捕食者を遠ざけ、他の海洋生物に付着されることを防止するのに役立ちます。「叉棘」の中には、毒蛇の牙のように先端に毒を持っているものや、三叉状の刃によって微小な海洋生物をはらいのけるものがあります。ウニがフジツボなど他の海洋生物に付着され覆われてしまうことがあまりないのは、このためです（主棘が表皮で覆われないキダリスの仲間を除きます）。*Toxopneustes pileolus*（ラッパウニ）の「叉棘」はあまりに大きいため、裸眼でも見ることができます。

ウニは、カモフラージュを用いることで捕食者から逃れる場合もあります。貝殻の破片、藻類、小石などを含む海底のデトリタスを、管足の吸盤を使って体の上に持ち上げます。通常、餌を探しに行く夜間はカモフラージュを中止します。ウニが最も出会うことが多い捕食者は、トウカムリ、ホラガイ、モンガラカワハギなどです。

Diadema（ガンガゼ属）の棘は、皮膚に刺さると非常に痛い。オーストラリア、シドニー・ハーバー

Pseudoboletia indiana（マダラウニ）は、海底の堆積物を使って捕食者を避ける。オーストラリア、シドニー、ボタニー湾

Holopneustes purpurascens（サンショウウニ科の1種）を食べる*Charonia lampas rubicunda*（ゴウシュウボラ）。オーストラリア、シドニー、ボタニー湾

❾ 片利共生生物や寄生生物との関係

ウニの中には、他の海洋生物と寄生、片利共生、または相利共生の関係をもつ種も存在します。寄生関係は、寄生者が宿主を犠牲にして利益を得るため、宿主にとって不利益があります。片利共生関係では、一方が利益を得ますが、他方には影響が生じません。相利共生関係は、両者が利益を得ます。

*Eulima*属の寄生性巻貝類は、*Holopneustes purpurascens*(サンショウウニ科の1種)に寄生することが知られています。寄生の結果、ウニの殻の物理構造が変化し、殻が歪み、寿命が縮む場合があります。

寄生性巻貝類の*Sabinella*属は、ウニの*Phyllacanthus irregularis*(バクダンウニ属の1種)が持つ鉛筆状の棘の中に住みつきます。

ウニと片利共生関係にある海洋生物の例として、*Toxopneustes pileolus*(ラッパウニ)の口の周辺に住む*Athanas* sp.(カクレエビの仲間)を挙げることができます。この小さなエビは、毎日動き回る中で、ウニの有毒な「叉棘(さきょく)」を不思議なほどに回避します。もう1つの例は、ウニの棘の間で共生するカニです。こうした片利共生関係にあるエビやカニは、ウニの棘に守られながら、その表面で安全に餌にありつくことができます。また、二枚貝には、ブンブクの後端にくっついたり、*Plesiozonus hirsutus*(ニセブンブク目の1種)の腸内に生息する種が存在します。

相利共生関係の例としては、小さなカニダマシがウニの表面で餌を食べることで掃除をする関係が挙げられます。カニダマシはウニの棘で身を守られながら捕食者を避けることができると同時に、ウニは寄生生物の付着をカニダマシに防いでもらっています。

寄生関係

Holopneustes purpurascens(サンショウウニ科の1種)に寄生する一群のハナゴウナ科の寄生性腹足類。ニューサウスウェールズ州、フィンガル・ベイ

片利共生関係

毎日動き回る中で*Toxopneustes pileolus*(ラッパウニ)の有毒な叉棘を回避するカクレエビの仲間。オーストラリア、シドニー、ポート・ジャクソン

フィリピンのブンブクウニ、*Plesiozonus hirsutus*(ニセブンブク目の1種)の腸内から取り出された白い二枚貝の標本

相利共生関係

Stylocidaris reini(サテライトウニ)の棘の間で相利共生関係を営む*Polyonyx* sp.(ヤドリカニダマシ属の1種)

⑩ エコロジーとさまざまな用途

正形ウニは、藻類の成長を抑制するのに寄与します。またブンブクやカシパンは、海底の堆積物を掃除し、汚染を予防することができます。彼らは環境の均衡を保つことに貢献しているので、エコロジーの観点からも極めて重要な働きをしています。

ウニを珍味として食べる国もあります。ウニの内臓で唯一食べられるのは、オレンジ色の生殖巣の部分だけです。ウニは、伝統的には自然環境から収穫されてきましたが、近年、養殖業が大きな商業的関心を集めています。熱帯に生息する大きな*Heterocentrotus mammillatus*（パイプウニ）の棘は、ウィンド・チャイムの材料として使われます。また、白化したカシパンは工芸用の装飾材料として売られています。

⑪ 移 動

ウニは、棘と管足を使って移動します。固い表面上では、管足の先端の吸盤により足場を確保しながら前進します。しかし足元が緩い堆積物の上では、管足で地面をつかむことはできないので棘を活用します。また、ブンブクの下面には先端が平らで特殊な棘があります。これらを使ってゆっくりと前へ進んだり、堆積物を掘削してその中へ潜り込んだりすることができます。

⑫ 分 解

悪天候、水温の急変、加齢、捕食、季節変化などの要因が、ウニの死亡率に影響を及ぼします。ウニが死ぬと間もなく、微生物によって軟部組織が分解され、棘が抜け落ちます。すべての有機物が分解された後には、棘のない裸の殻だけが残りますが、この殻も間もなくカイメン、藻類、石灰質の棲管（せいかん）をつくるゴカイなどのさまざまな海洋生物によって覆われていきます。

正形ウニの殻の色は、ほとんどの場合、死後に退色しませんが、やがてそれぞれの殻板（かくばん）の結合がもろくなり、バラバラになります。このプロセスにかかる時間は、周囲環境のエネルギーや、その種の殻の骨格構造によって決まります。一部のブンブクやカシパンの仲間の特徴的な色である紫色の色素は、不安定で死後に退色し続けます。通常、数日以内に殻は退色または白化し、他の上記のような海洋生物によって覆われます。

自然下で*Holopneustes purpurascens*（サンショウウニ科の1種）の殻が集積している。オーストラリア、シドニー、ボタニー湾

水深16 mで見つかった*Spatangus luetkeni*（ホンブンブク）。オーストラリア、シドニー、ボタニー湾

⑬ ウニの化石記録

ウニは世界中の化石記録にしっかり残っています。化石のウニの種類は信じられないほど多様であることから、地球の歴史上に初めて登場して以来、ウニが極めて大きな変化を経てきたことが分かります。より難しい生態に適応するにつれて、ウニの形態には、環境の変化が反映されてきました。化石のウニの多くは、現生の種とあまり似ていません。また、ウニ本体の保存状態が極めて良いものはあっても、棘がそのまま残っている化石標本は見つかることは稀です。

⑭ 希少性と個体数

現在生息しているウニの種は「普通」または「希少」として分類されることがあります。しかし、「希少性」には、実際の個体数が反映されない場合があります。標本記録が少ない理由として、分布が非常に限られていることや、生息地がアクセスできなかったり遠い場所にあって、サンプリングが実施されていないというバイアスが考えられます。

深海の生息地はアクセスすることが難しく、サンプリングの方法によっては、堆積物に深く潜る種や、洞窟の中で生きる種を見落としてしまう場合があります。その好例が、「希少」とされていた種で、フィリピン、中国東部、および日本で確認されている*Taimanawa relictus*（オキナブンブク）です。この種は堆積物の奥深くへ潜ってしまうため採集が困難であり、近年までわずかな数の損傷した殻しか見つかっていませんでした。しかし、実際に希少性が反映されている可能性は低く、サンプリング設備の機能制限やウニの潜る能力のために発見されにくく、「希少」とされてきたようであることが分かってきました。

「希少性」は、少なくとも博物館のコレクションにおいては、理由を問わず、「標本が得られていない」という単純な事実に由来する場合があります。過去には「希少」として分類されたものの、時間が経過し、生息地へのアクセス性とサンプリング技術が向上するにつれて、以前に考えられていたよりも広範に分布していることが判明した海洋生物の例は数多く存在します。

Clypeaster pliophyma（タコノマクラ属の1種）の化石。初期の一部のタコノマクラは、大型で背も高かった。時代の経過とともに小型化し、平らになった。イタリア、カラブリア州、カタンザーロ県

フィリピンの*Taimanawa relictus*（オキナブンブク）は、以前は希少であると考えられていた

紫とオレンジで構成される世にも美しいウニ

1.

Coelopleurus exquisitus
ベンテンウニ属の1種

信じられないかもしれませんが、このサイケデリックな色合いは完全に天然由来です。このウニは深海の真っ暗闇の中に生息しているので、このような明るい色模様がどうやって、何のためにできているのかは全くの謎です。この種は、近年発見され命名されたばかりですが、世界で最も美しいウニの1種であると言えます。

学　名：*Coelopleurus exquisitus*
産　地：ニューカレドニア島、ヌメア沖
水　深：300〜450 m
サイズ：殻径35 mm

殻板（かくばん）構造のアップ

カラーバリエーションに富んだウニ

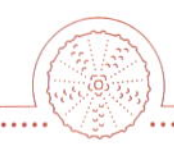

2.

Holopneustes inflatus
サンショウウニ科の1種

雨季が終わってから間もない頃に、このウニは多数、海辺に打ち上げられます。打ち上げられた直後は、このずらりと並んだ豊かな暖色の殻板(かくばん)は、棘に覆われて隠されています。雨風にさらされて棘が徐々に抜け落ちることで、その下にある真の色味が初めて姿を現します。

学　名：*Holopneustes inflatus*
産　地：オーストラリア、ニューサウスウェールズ州、シドニー、カーネル
水　深：1～3 m
サイズ：平均殻径35 mm

珍しい四放射相称の(4つの部分で構成される)標本

緑色のウニ

3.

Green Sea Urchins
緑色のウニ

これらのウニでは、殻の表面の部位ごとに配色が異なっています。*Goniocidaris sibogae*（トゲザオウニ属の1種）⑥は、殻板の接合部沿いだけに色素が沈着しています。*Acanthocidaris maculicollis*（リュウオウウニ）②では、歩帯沿いと棘疣の間に色素が集中しています。*Microcyphus olivaceus*（ミドリアバタウニ）⑤は、全体的に緑色ですが、グラデーションがあります。

学　名：*Stylocidaris affinis*（サテライトウニ属の1種）①
Acanthocidaris maculicollis（リュウオウウニ）②
Aspidodiadema sp.（クモガゼ属の1種）③
Goniocidaris corona（トゲザオウニ属の1種）④
Microcyphus olivaceus（ミドリアバタウニ）⑤
Goniocidaris sibogae（トゲザオウニ属の1種）⑥
Arbacia dufresnei（アルバキア属の1種）⑦
Plococidaris verticillata（フシザオウニ）⑧

産　地：世界中の海で採取
水　深：浅瀬から深海までさまざまな深さ
サイズ：最大の標本で殻径44 mm

Acanthocidaris maculicollis（リュウオウウニ）の棘疣の細部

4.

Diadema palmeri
ガンガゼ属の1種

この写真に写っているのは、現在まで知られている範囲で、シドニー・ハーバー内で見つかった*Diadema palmeri*（ガンガゼ属の1種）は唯一の生きた個体です。この種は熱帯地方にいる他のガンガゼ属とは異なり、燃えるような赤色と角度によって見え方が変わる青色の模様を特徴とする、夜行性で穴居性のウニです。

学　名：*Diadema palmeri*
産　地：オーストラリア、ニューサウスウェールズ州、ボークルーズ湾
水　深：16.5 m
サイズ：殻径50 mm

棘のない*Diadema palmeri*（ガンガゼ属の1種）の殻。タスマン海のロード・ハウ・ライズ沖合で発見

花火のようなトゲを持つウニ

卵のような形をしたウニ

5.

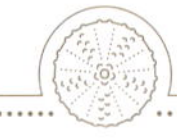

Amblypneustes ovum
サンショウウニ科の1種

オーストラリア南部の浅瀬に生息している5種の*Amblypneustes*属のうち最も珍しいのが、この*Amblypneustes ovum*（サンショウウニ科の1種）です。この標本は殻板（かくばん）のディテールが非常にはっきりしていますが、これは成長のスピードが速かったためと思われます。ほとんどの*Amblypneustes ovum*（サンショウウニ科の1種）の標本は、均一なオリーブ色をしています。

学　名：*Amblypneustes ovum*
産　地：オーストラリア、南オーストラリア州、カンガルー島
水　深：1～2 m
サイズ：殻径40 mm

一般的な*Amblypneustes ovum*（サンショウウニ科の1種）の色合い

トランペットのような棘を持つウニ

6.

Goniocidaris clypeata
キノコウニ

最も変わった棘を持つウニの1種です。先端がカップのように広がったピンク色の棘は、トランペットを想起させます。「カップ」の中心に近づくほど、ピンク色が濃くなります。それぞれの棘の根元周辺では、短く尖った刃が外方向へ直角に突き出しています。

学　名：*Goniocidaris* (*Aspidocidaris*) *clypeata*
産　地：フィリピン、バリカサグ島
水　深：250 m
サイズ：殻径16 mm

花柄模様のウニ

7. 

Toxopneustes pileolus

ラッパウニ

このウニの美しい色調と同心円状の模様はバラエティに富み、同じ海域から多種多様な色合いの標本を集めることができます。暖かい熱帯の海域に広く生息しており、毒を持っています。ただし、毒があるのは棘ではなく、毒腺を持つ腺嚢叉棘（せんのうさきょく）という小さな顎状（がくじょう）構造のほうです。

学　名：*Toxopneustes pileolus*
産　地：インドー太平洋
水　深：浅瀬
サイズ：最大の標本で殻径94 mm

花のような有毒の腺嚢叉棘（せんのうさきょく）を備える生体

ヤスリのような棘を持つウニ

8.

Prionocidaris australis
ノコギリウニ属の1種

なだらかな先細のヤスリのような棘の下には、他に類のない対称美を持つ骨格が隠れています。この美しい*Prionocidaris australis*（ノコギリウニ属の1種）の標本は、豊かな色彩の蛇行する歩帯が特徴です。繊細な薄い影がある中心の領域に向けて、殻板（かくばん）と間歩帯の接合部が収束しています。

学　名：*Prionocidaris australis*
産　地：オーストラリア、ニューサウスウェールズ州、ボークルーズ湾
水　深：13 m
サイズ：殻径45 mm

雪の結晶のようなウニ

9.

Goniocidaris spinosa
トゲザオウニ属の1種

Goniocidaris spinosa（トゲザオウニ属の1種）の棘には、複数の鋭い分岐があり、それぞれから歯のような樹状の突起が一定間隔で生えています。各棘の根元の円盤部分には、繊細な切れ込みが確認できます。ウニ全体の形は、ひとひらの雪のようにも見えます。

学　名：*Goniocidaris spinosa*
産　地：フィリピン、バラット島
水　深：250 m
サイズ：殻径16 mm

棘のない標本は特徴的な色合いを見せる

ジグザグ模様が美しいウニ

10.

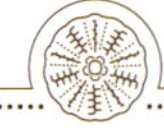

Microcyphus compsus
アバタウニ属の1種

この可愛らしいウニは、現時点では西オーストラリア州南部のわずかな海域でしか見つかっていません。生時は紅藻類の間にくるまっていますが、一般的に発見されるのは、死後、水流を受けて海底を転がり続け、棘が抜けきった状態です。このウニは潮間帯には生息しておらず、浜辺に打ち上げられることもないため、生きた状態のものを観察するには海に潜る必要があります。

学　名：*Microcyphus compsus*
産　地：オーストラリア、西オーストラリア州南西部、エスペランス西部、ケープ・ル・グランド
水　深：30〜40 m
サイズ：最大の標本で殻径24 mm

棘のある個体

背が高く伸びるウニ

11.

Dermechinus horridus
ホンウニ科の1種

Dermechinus horridus（ホンウニ科の1種）は、深海に生息している非常に変わった形のウニで、成長にしたがって背が伸びていく珍しい種類です。ほとんどの個体は、殻径が約70 mmに達する頃から背が伸び始めます。美しいオレンジ色の殻をもつ個体が一般的ですが、右側のような白い殻をもつ個体も存在します（採取場所の水深は不明）。

学　名：*Dermechinus horridus*
産　地：オーストラリア、西オーストラリア州、アルバニー南部（左個体）
　　　　ニュージーランド（右個体）
水　深：900 m（左個体）、深海（右個体）
サイズ：殻径97 mm、殻高153 mm（左個体）

背が伸びる前の成長初期段階の姿

左右対称の
ブンブク

12.

Heart Urchins
左右対称のブンブク

左右相称のブンブクは、多くの五放射相称のウニに見られるような鮮やかな色合いではありません。生体のブンブクは一般的に、茶色、灰色、淡紫色、および緑色の体色をしています。死後間もなく、短い毛のような棘が抜け落ち、それぞれの形態的特徴における色が姿を現しますが、有機組織が完全に分解されることでこれらの色は消えて、最終的に白色がかった殻になります。

学　名：*Taimanawa relictus*（オキナブンブク）①
Moira atropos（セイタカブンブク属の1種）②
Breynia desorii（ヒラタブンブクモドキ属の1種）③
Echinocardium mediterraneum（オカメブンブク属の1種）④
Metalia latissima（ライオンブンブク属の1種）⑤
Schizaster canaliferus（ブンブクチャガマ属の1種）⑥
Echinocardium cordatum（オカメブンブク属の1種）⑦
Cyclaster recens（ブンブク目の1種）⑧
Brisaster latifrons（キツネブンブク）⑨
Brissopsis luzonica（タヌキブンブク）⑩
Brisaster antarcticus（キツネブンブク属の1種）⑪
Lovenia elongata（ヒラタブンブク）⑫
Agassizia scrobiculata（ブンブク目の1種）⑬
Paraster sp.（コウモリブンブク属の1種）⑭

産　地：世界中の海で採取
水　深：浅瀬から深海まで
サイズ：最大の標本で殻長300 mm

右掲写真の標本の裏側

万華鏡のような模様のウニ

13. 

Microcyphus rousseaui
アバタウニ属の1種

この幻想的なウニ*Microcyphus rousseaui*（アバタウニ属の1種）は、紅海周辺、東アフリカ、およびマダガスカルに生息しています。間歩帯の明るく目立つジグザグ模様は裸状域といい、その中央には、稲妻のような模様が走っています。殻板接合部の色が薄くなっているため、稲妻のように見えます。この特徴的なジグザグ模様の裸状域は個体によって違い、写真のようなスミレ色の他に、緑色、オレンジ色があります。

学　名：*Microcyphus rousseaui*　　水　深：浅瀬
産　地：エジプト、南シナイ、ダハブ　　サイズ：殻径48 mm

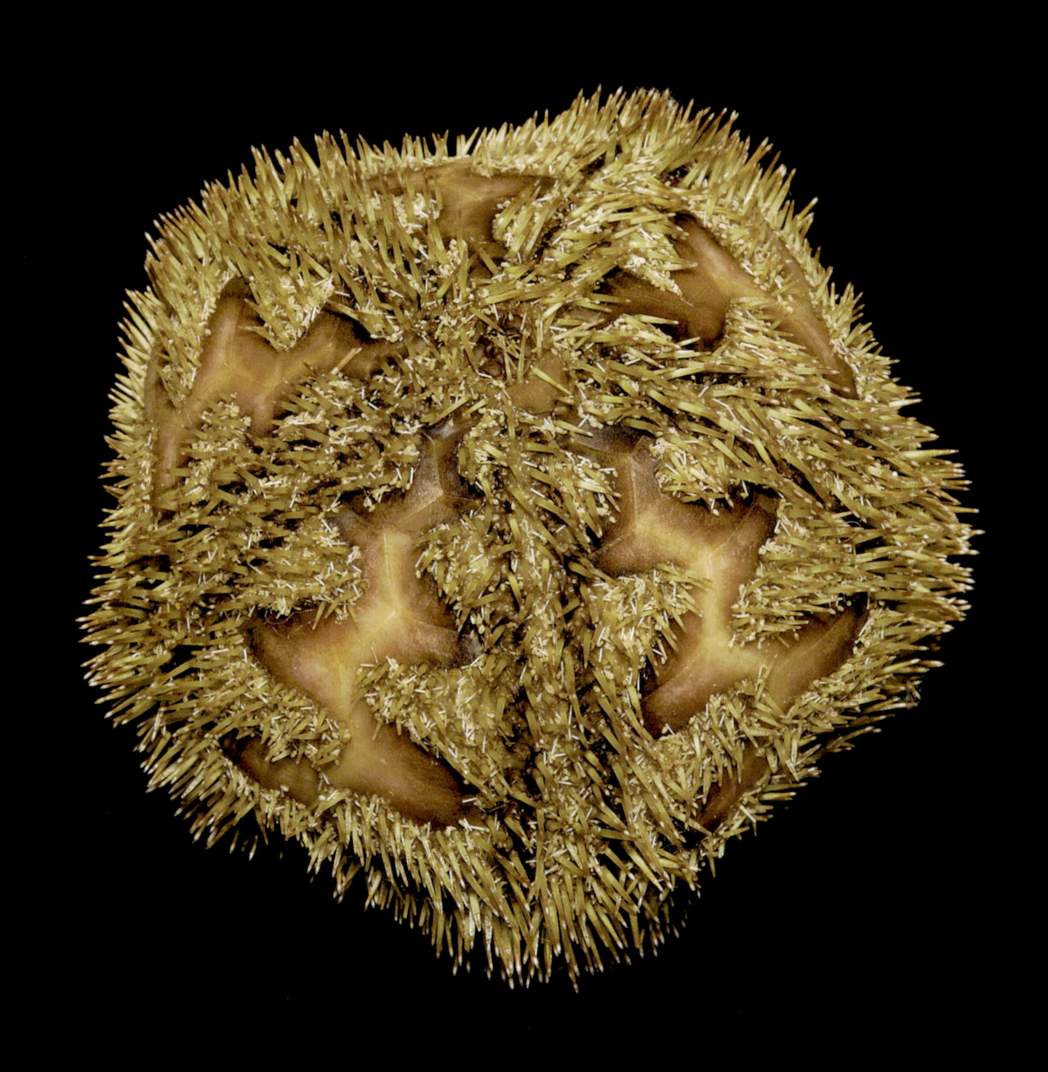

棍棒のような棘を持つウニ

14.

Pseudocidaris mammosa
キダリスモドキ科のウニの化石

このウニは、棍棒のような棘を持つことで、古代の海にいた獰猛な捕食者の攻撃から自らの身体の弱い部分を守るように適応しました。このウニは棘が密集しているため、捕食者はたとえウニをひっくり返しても、殻のなかの柔らかい組織を食べることは困難だったでしょう。この保存状態が極めて良い標本は、1億6千万年前のジュラ紀（オックスフォード階）の化石を復元したものです。

学　名：*Pseudocidaris mammosa*
産　地：フランス、シャラントマリティム、アングラン
年　代：ジュラ紀（オックスフォード階）
サイズ：殻径23 mm

棘部分のアップ

ボタンのようなウニ

15.

Peronella orbicularis
ヨツアナカシパン属の1種

この小さなボタンサイズのカシパンは、きれいな星型の花紋が特徴で、西オーストラリア州北部のニンガルー・リーフのほぼ全域に分布しています。しばしば海の堆積物に紛れて海岸に打ち上げられています。生きた個体は薄い砂の層に潜っているため見つけるのがとても難しく、棘を失って日光で漂白された殻の状態で発見されるのが一般的です。

学　名：*Peronella orbicularis*
産　地：オーストラリア、西オーストラリア州、ニンガルー・リーフ
水　深：潮間帯（大潮の最大満潮時には海面下になるが，最低干潮時には干出するような海岸）
サイズ：平均殻長15 mm

砂に部分的に潜る生体

いばらのような棘を持つウニ

16.

Goniocidaris tubaria
オニキダリス

これはウニの相称性を示す優れた標本です。この*Goniocidaris tubaria*（オニキダリス）の裸殻標本からは、天然の色、形状、デザインの妙を鑑賞することができます。薄い灰色がかった紫色の色素が、蛇行する歩帯に強いアクセントを与えています。また、ジグザグの接合部が間歩帯を際立たせています。

学　名：*Goniocidaris tubaria*
産　地：オーストラリア、ニューサウスウェールズ州、ボークルーズ湾
水　深：10 m
サイズ：殻径41 mm

扁球体のウニ

17.

Paraster sp.
コウモリブンブク属の1種

ほぼ扁球体の珍しいブンブクです。やや深い水深に生息している新しく発見されたばかりの種で、まだ命名されていません。細かい砂の中に潜って住んでいるため、漁で水揚げされることはありません。この写真では、殻の内部に照明を入れることで独特の殻板(かくばん)構造を明らかにしています。

学　名：*Paraster* sp.
産　地：フィリピン、シキホル島
水　深：200 m
サイズ：殻幅67 mm、殻長65 mm

槍のような棘を持つウニ

18.

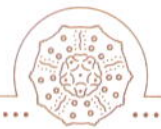

Stylocidaris bracteata
サテライトウニ属の1種

細身の槍のような棘を持つ、やや深い海に生息しているウニです。棘には小さな針が鋸歯状に並んでいます。この美しい標本は、棘が海洋生成物で覆われていない点が珍しいと言えます。

学　名：*Stylocidaris bracteata*
産　地：フィリピン、セブ島、オスロブ
水　深：250 m
サイズ：殻径22 mm

棘のない標本

レース状の屋根を持つウニ

19.

Goniocidaris mikado
ミカドウニ

このウニの頂部から新しく生える棘は、コケムシにも似ています。各棘の枝や根元の円盤部分からは微細な毛が生えています。古い棘ほど鋭くなって針状の棘が増え、繊細なレース状の上部構造が完全に失われます。

学　名：*Goniocidaris mikado*
産　地：フィリピン、パラワン島
水　深：250 m
サイズ：殻径22 mm

このウニの棘の先端部分と酷似しているコケムシの1種

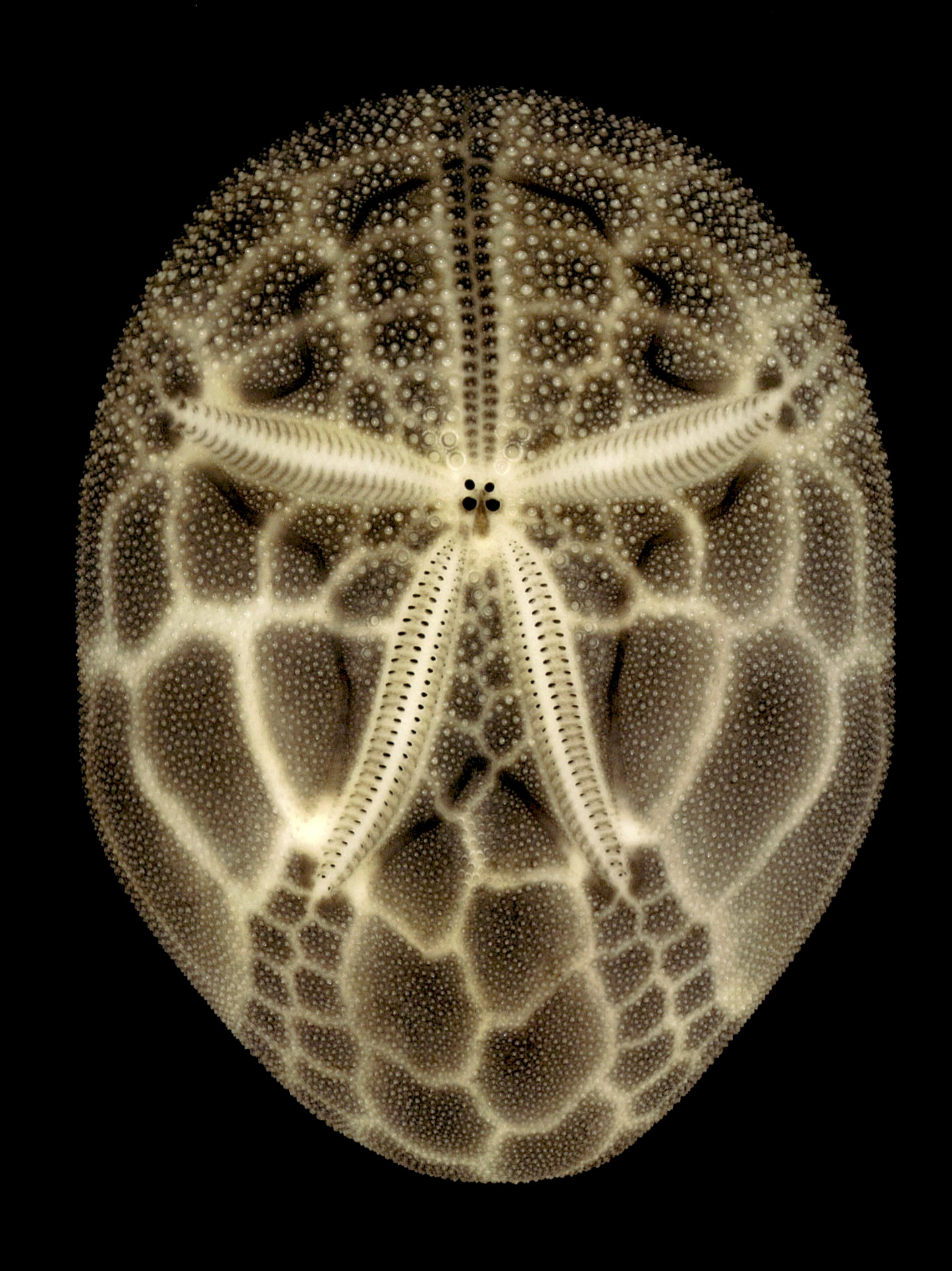

地中海に生息するウニ

20.

Brissus unicolor
タイセイヨウオオブンブク

ブンブクは、死後すぐに、殻表面の模様のもとである有機組織が分解されるため殻の表面の模様は消えてしまいます。しかしこの標本は、殻板(かくばん)の傷や損傷一切なくすべての殻板(かくばん)構造が維持され、殻表面の模様も残り、殻板(かくばん)間の境界線も美しいアクセントとなっています。

学　名：*Brissus unicolor*
産　地：スペイン、マヨルカ島、カラ・フィゲラ
水　深：浅瀬
サイズ：殻長94 mm

オーストラリアで採取された類似種
Brissus agassizii（オオブンブク）の生きた個体

まだら模様が美しいウニ

21.

Pseudoboletia maculata
マダラウニ

このウニは熱帯に幅広く分布しており、無限とも言えるほど多様で複雑な模様を持っています。わずかな色しか付いていない個体もあります。同じ模様の個体は二つとありません。茶色や白色の領域からは、それぞれ茶色と白色の棘が生えます。

学　名：*Pseudoboletia maculata*
産　地：オーストラリア、ニューサウスウェールズ州、ポート・ジャクソン湾
水　深：9 m
サイズ：最大の標本で殻径80 mm

シドニー・ハーバーのポート・ジャクソン湾の水深12 m地点で生息していた個体

いばらのような棘を持つウニ

22.

Goniocidaris tubaria
オニキダリス

この美しい*Goniocidaris tubaria*（オニキダリス）の個体を見れば、たとえ同じ種であっても、海域や水深によって見た目にどれほど大きく違いが生じるかが分かります。下掲のタスマニアの個体のように、棘が先細で滑らかな場合もありますが、上の個体では、発育不良のために、オーストラリアの海で見つかったどのような標本よりも棘が細かく詰まった状態になっています。

学　名：*Goniocidaris tubaria*
産　地：オーストラリア、西オーストラリア州、フリマントル西部
水　深：137～146 m
サイズ：殻径15 mm

タスマニアのティンダーボックスで見つかった、針状の棘がほとんどない個体

幾何学模様が美しいウニ

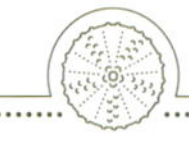

23.

Salmacis sphaeroides
ヒオドシウニ属の1種

このウニは、インド-太平洋の熱帯海域に広く分布しています。通常は殻全体が均一な暗緑色をしていますが、この色の特徴では、種を正確に特定するのが難しい場合があります。この写真の個体の下面は緑色の色素が薄くなっていますが、熱帯の一部の海域で生息している個体にしか見られない特徴です。

学　名：*Salmacis sphaeroides*
産　地：オーストラリア、クイーンズランド州北部、キーパー・リーフ
水　深：25 m
サイズ：殻径75 mm

同じ標本を横から見たところ。外周上に鋭角の模様が描かれています

淡いピンクが美しいウニ

24.

Phyllacanthus magnificus
バクダンウニ属の1種

非常に稀なピンク色のキダリス目の1種。この個体は生きた状態で、イセエビ用のしかけに捕らえられていました。バクダンウニ属のほとんどの種は浅瀬に住んでいますが、この稀種はオーストラリア中西部沿岸の深海域だけに生息しているようです。

学　名：*Phyllacanthus magnificus*
産　地：オーストラリア、西オーストラリア州、ジュリアン湾
水　深：200 m
サイズ：殻径63 mm

ザラザラした表面の棘

ミニチュアのウニ

25.

Miniature Sea Urchins

ミニチュアのウニ

熱帯と温帯に生息するこれらの小型のウニを見れば、若い個体が完全な成体になるまでに色がどれほど大きく変化するかが分かります。明るい色合いの*Eucidaris metularia*（マツカサウニ）①は、頂端部が特徴的な濃いピンク色で、歩帯の棘疣（とげいぼ）がピンク色のビーズ状になっています。完全な成体では、この色は茶色に変わります。対照的に、*Microcyphus*属（アバタウニ属）④⑤では色の違いが際立っており、間歩帯の縫合線がピンク色または茶色がかったオレンジ色をしています。

学　名：*Eucidaris metularia*（マツカサウニ）①
Cyrtechinus verruculatus（ラッパウニ科の1種）②
Parasalenia pohlii（ティーダナガウニモドキ）③

産　地：オーストラリア、クイーンズランド州、グレート・バリア・リーフ

水　深：10～12 m

サイズ：平均殻径10 mm

学　名：*Microcyphus compsus*（アバタウニ属の1種）④
Microcyphus annulatus（アバタウニ属の1種）⑤

産　地：オーストラリア、西オーストラリア州、エスペランス

水　深：20～30 m

サイズ：最大の標本で殻径12 mm

生きている*Eucidaris metularia*（マツカサウニ）

棘に歯車を持つウニ

26.

Plococidaris verticillata
フシザオウニ

このウニは熱帯の浅瀬に生息しています。棘の表面に輪を描く様な歯車型の部位がある数少ない種の1つです。棘は最大4つの「歯車」を一定間隔でもち、まだら状の緑がかったオリーブ色をしています。このウニの大群に出くわすことは稀です。

学　名：*Plococidaris verticillata*
産　地：フィリピン、セブ島
水　深：浅瀬
サイズ：殻径22 mm

鍵穴のあいたカシパン

27.

Encope borealis
アメリカスソカケカシパン属の1種

大河に流れ込む支流のように、このスカシカシパンは、複雑に分岐した溝（食溝）と微細なトゲをうまく使って、粘液で覆われた餌の粒子を、殻下面の中心にある口へと運びます。「すかし孔」と呼ばれる6つの穴は、餌の粒子の口への運搬をより効率化します。小さい白色のスカシカシパン*Mellita quinquiesperforata*（アメリカスカシカシパン属の1種）は、近縁な種ですが、すかし孔が5つしかありません。

学　名：*Encope borealis*
産　地：メキシコ、カリフォルニア湾
水　深：浅瀬
サイズ：殻長128 mm

上面の花弁模様

同個体の底面

28.

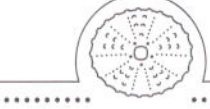

Podophora atratus
ミナミジンガサウニ

鎧で身を守るウニ

このウニは、タイル状の棘を殻表面に敷き詰めることで、体の表面で水分を保ちながら、満潮時に海面が届く高さの沿岸で藻類を摂食します。殻の周縁部から生えている棘は先端が丸くなっており、これらを固い基質にしっかり押し付けることで、体と基質のすきまへの外部から侵入を防ぎ、捕食者を寄せつけません。*Podophora atratus*（ミナミジンガサウニ）はクリスマス島に生息しており、一日のほとんどを海水の上で過ごしますが、たまに波しぶきを浴びます。

学　名：*Podophora atratus*
産　地：インド洋、クリスマス島
水　深：満潮時に海面が届く高さの沿岸
サイズ：殻長85 mm

ピンクと黄色の
グラデーションが
美しいウニ

29.

Salmacis belli
ヒオドシウニ属の1種

見た目の印象とは違って、*Salmacis belli*（ヒオドシウニ属の1種）は完全に無害なウニです。棘は無毒で、休息や食事を取るときには円錐状の「茂み」のような形にまとまります。何かに邪魔をされた場合だけ、写真のように棘が広がります。この個体は他よりも比較的カラフルな縞があり、オーストラリア東岸の分布海域の南端で見つかりました。

学　名：*Salmacis belli*
産　地：オーストラリア、ニューサウスウェールズ州、ボークルーズ湾
水　深：15 m
サイズ：殻径60 mm

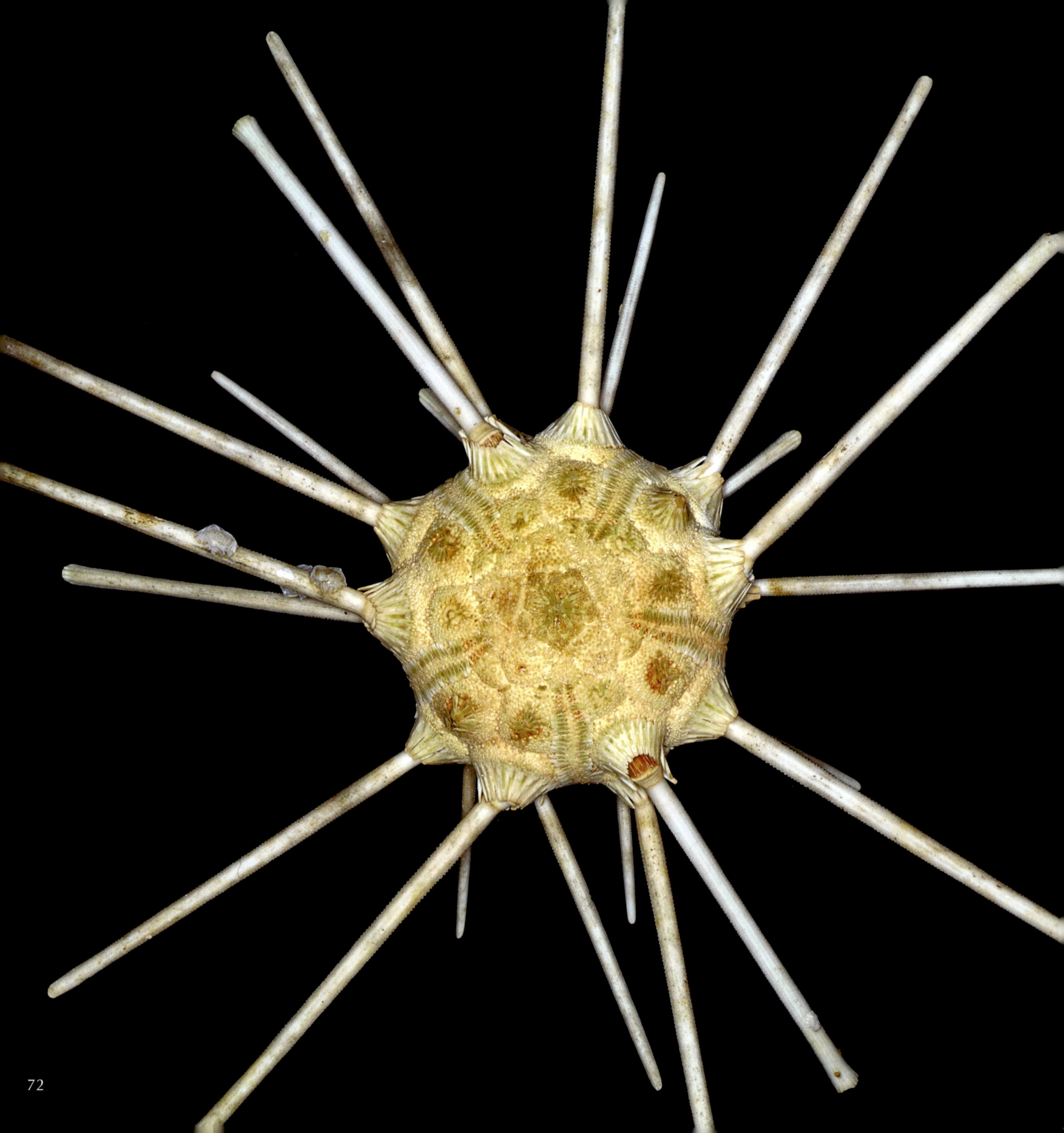

Stereocidaris indica
ミナミボウズキダリス

このウニの特徴は、深くくぼんだ棘疣(とげいぼ)と、はっきりと落ち込んだ殻板(かくばん)の縫合部です。極めて大きな棘疣(とげいぼ)があるのは殻の赤道部ほどまでで、それより上の方には棘疣(とげいぼ)も棘も発生しません。殻は常に均一な乳白色をしています。

学　名：*Stereocidaris indica*
水　深：100〜150 m
産　地：フィリピン、パラット島
サイズ：殻径48 mm

深い切れ込みがあるウニ

ヘラ状の
棘を持つウニ

31.

Notocidaris remigera
ホンキダリス科の1種

南極のプリズ湾の冷たい深海に、これほど変わった見た目のウニが生息しているとは思いも寄らないでしょう。なぜこのようなヘラ状の細長い棘を持っているのかは謎ですが、暗く低温の環境に生息する上で、何らかのメリットがあるのでしょう。

学　名：*Notocidaris remigera*
産　地：南極大陸、プリズ湾、フラムバンク
水　深：256 m
サイズ：殻径18 mm

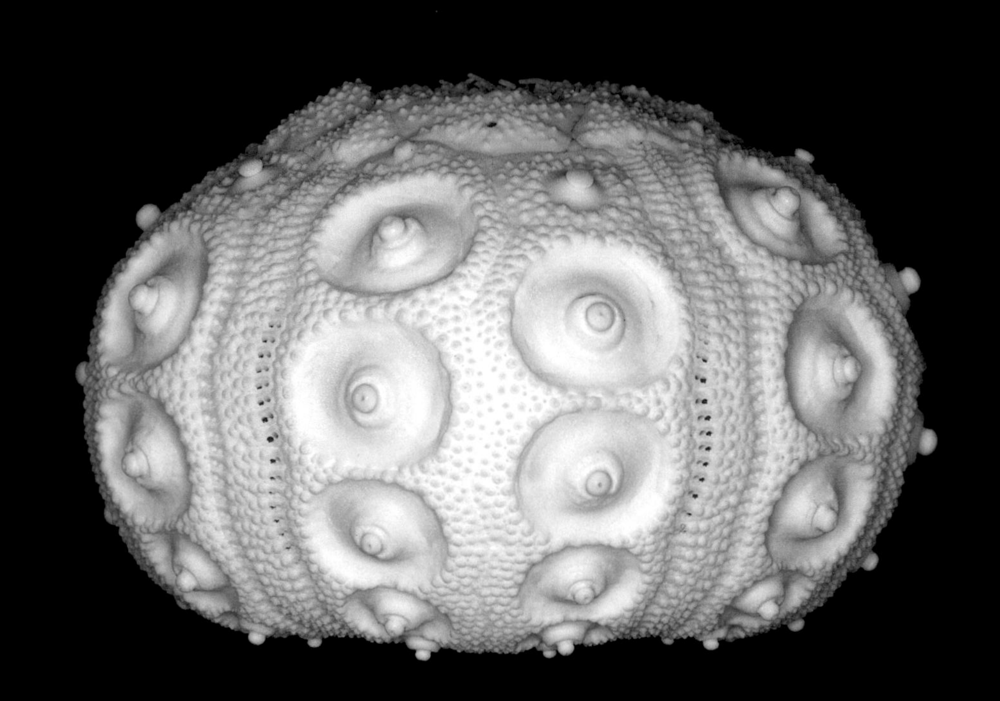

ダイヤモンドパターンが描かれたウニ

32.

Amblypneustes formosus
サンショウウニ科の1種

これらの*Amblypneustes formosus*（サンショウウニ科の1種）の標本の色のグラデーションと相称性の洗練された組み合わせは、オーストラリア南部の広大な海岸線の厳しい夏の豊かな気候のような豊かな色合いを反映しているようです。それぞれの標本は、水平の細かい棘疣（とげいぼ）の列によって繊細に飾られています。これらの棘疣（とげいぼ）に対し、茶色の菱形の模様が垂直に交わり、ジグザグの線の様に見えます。

学　名：*Amblypneustes formosus*
産　地：オーストラリア、南オーストラリア州、エディスバーグ、ワットル・ポイント
水　深：2～3 m
サイズ：最大の標本で殻径32 mm

南オーストラリア州エディスバーグで見つかった生きた個体。吸盤付きの管足が突き出ている

パンジーのようなウニ

33.

Echinodiscus bisperforatus
フタツアナスカシカシパン

地元民から「海のパンジー」と呼ばれるこれらのスカシカシパンは、砂質の浅瀬に生息しており、大潮の干潮時に見つけることができます。薄い砂の層の下をゆっくり移動した跡が、砂の上に浮き上がって見えます。このかすかなピンク色の標本では、多角形の殻板(かくばん)をはっきり確認できます。殻の後端に2つの切り込みを備えていることから、この種は*Echinodiscus*(フタツアナカシパン属)であると直ちに特定できます。

学　名：*Echinodiscus bisperforatus*
産　地：南アフリカ、クニスナ
水　深：干潮帯
サイズ：殻長42 mm、殻幅47 mm

食溝(しょくこう)の細部が見える底面

彫刻作品のようなウニ

34.

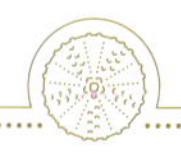

Temnotrema bothryoides
コデマリウニ属の1種

*Temnotrema*属（コデマリウニ属）のウニは、特に複雑な形をしています。その特徴は、殻板（かくばん）の縫合部に隣接して刻まれているアクセントのような深いくぼみです。これらのくぼみは孔として殻板（かくばん）を貫通しておらず、どのような機能があるのかもはっきり分かっていません。*Temnotrema bothryoides*（コデマリウニ属の1種）は、この属の中で最大の種で、最も深いくぼみを持っています。

学　名：*Temnotrema bothryoides*
産　地：オーストラリア、クイーンズランド州北部、トレス海峡
水　深：12 m
サイズ：殻径23 mm

殻板（かくばん）構造のアップ

オレンジのグラデーションが美しいウニ

35.

Stylocidaris brevicollis
サテライトウニ属の１種

並外れた明るいオレンジ色を特徴とするこの希少なウニは、深海に生息していました。この種のウニは、インドネシアからマレー諸島周辺の海や、オーストラリア沖のタスマン海などにも分布しています。

学　名：*Stylocidaris brevicollis*
産　地：西太平洋海域、スタイラスター＆ジュノー海山
水　深：250～500 m
サイズ：殻径36 mm

フサフサな毛を持つウニ

36.

Moira lethe
セイタカブンブク属の1種

このブンブクは、毛皮にも似た柔らかい滑らかな棘を持っていることから、哺乳類のようにも見えます。棘の下では、深くくぼんだ花弁から管足が表面に出て、酸素を含む新鮮な海水を運んでいます。しかし花弁はあまりに深くくぼんでいるため、ほぼ見えません。このブンブクは、熱帯と温帯の両方の海域に分布している数少ない種の1つでもあります。

学　名：*Moira lethe*
産　地：オーストラリア、クイーンズランド州、グラッドストン沖、ミドルバンクス
水　深：浅瀬
サイズ：殻長48 mm

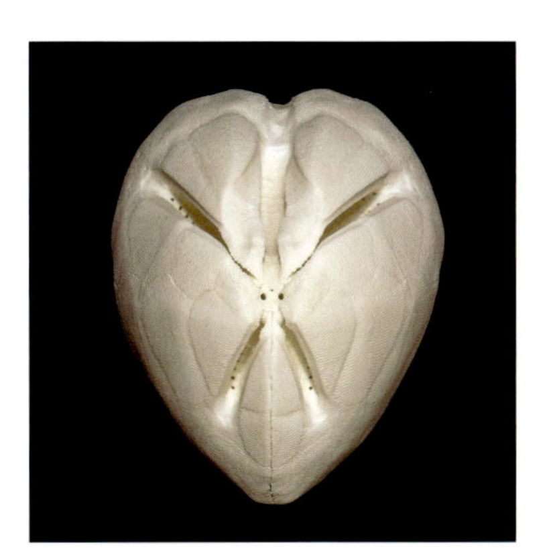

棘のない標本は宇宙人の頭にも見える

37. 

Phormosoma bursarium
ナマハゲフクロウニ

パンケーキのような深海のウニ

これらのウニの殻は柔らかく、漁網に絡まった他の海洋生物の重量によって容易に損傷してしまうため、これほど良好な状態で海面上にもたらされることは稀です。このウニは、水揚げされると殻のなかの海水が抜けて収縮してしまい、さらに乾燥させた後は段ボール紙のように軽くなります。深海に生息している多くのフクロウニは有毒ですが、たいていその毒棘(どくきょく)は海面に引き上げられるまでに抜けてしまいます。

学　名：*Phormosoma bursarium*
産　地：オーストラリア、ニューサウスウェールズ州、ディザスター湾から17海里(約31km)
水　深：636 m
サイズ：殻径95 mm

底面

青い斑点がついた燃えるような色のウニ

38.

Undetermined species
ガンガゼ科の1種

このエキゾチックなウニは、既知のどのような種にも似ていませんが、*Astropyga*属(アカオニガゼ属)および*Diadema*属(ガンガゼ属)と共通する特徴を備えています。この写真の個体は、今日までに発見された唯一の個体です。光を受けて反射することで発光したようにみえる青い点(虹色素胞(にじしきそほう):光を反射する色素細胞)が10列にわたり、鮮やかな赤い殻の表面を彩っています。

学　名:種名不明
産　地:オーストラリア、ニューサウスウェールズ州、ポート・ジャクソン湾
水　深:9 m
サイズ:殻径20 mm

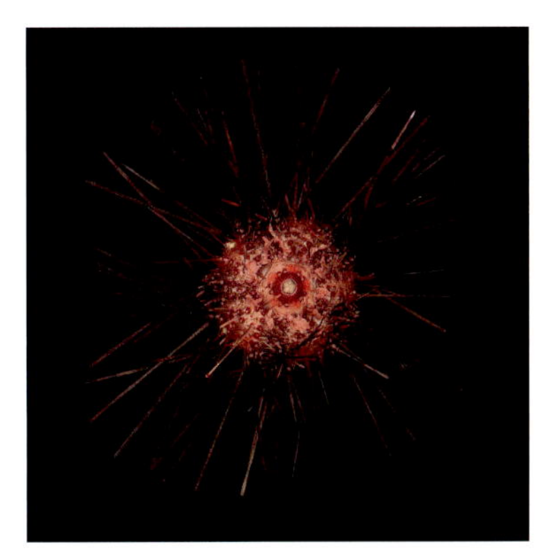

底面

一方に偏ったウニ

39.

Dendraster excentricus
アメリカハスノハカシパン

他のほとんどのカシパン類と異なり、*Dendraster*属（アメリカハスノハカシパン属）の花紋は殻の中心からずれていて、殻長と形状が全て異なります。花紋が殻の後ろ寄りに位置しているのは、このウニが角度をつけて部分的に砂に埋まっているときに、水中に浮かんでいる餌の粒子を捕捉できるように適応したためです。*Dendraster excentricus*（アメリカハスノハカシパン）は、1平方メートル当たりに最大100の個体が密集して生息している場合もあります。

学　名：*Dendraster excentricus*
産　地：メキシコ、エンセナダ、エステロ・ビーチ
水　深：干潮時の海岸
サイズ：最大の標本で殻幅60 mm

殻下面にあるネットワーク状の溝を通じて、餌の粒子を殻下面中央の口へ運ぶ

オレンジ色のマダラ模様があるウニ

40.

Desmechinus rufus
アバタサンショウウニ科の1種

このウニは一見すると、近縁な種である *Toxopneustes pileolus*（ラッパウニ）に似ていますが、比べるとはるかに小さいです。また、*Toxopneustes pileolus*（ラッパウニ）の殻は一般的には緑や茶の単色ですが、この種の殻は赤、ピンク、白色による帯状のまだら模様が特徴です。

学　名：*Desmechinus rufus*
産　地：オーストラリア、クイーンズランド州、グレート・バリア・リーフ
水　深：70 m
サイズ：殻径25 mm

底面

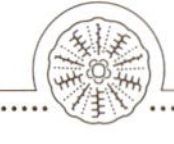

41.

Microcyphus zigzag
アバタウニ属の1種

ジグザグ模様が美しいウニ

Microcyphus zigzag（アバタウニ属の1種）は、オーストラリアで最も美しいと同時に、謎が多いウニの1種です。浅瀬に生息しているにもかかわらず見つけるのがとても難しく、嵐の後に岸へ打ち上げられているところを発見されるケースがほとんどです。この写真の標本は、ビクトリア州東部の海岸で見られることが多い色合いです。

学　名：*Microcyphus zigzag*
産　地：オーストラリア、ビクトリア州、フィリップ島、ヴェントナー・ビーチ
水　深：漂砂によって形成された海岸
サイズ：最大の標本で殻径24 mm

タスマニアのフリンダース島にて採集された別のカラーバリエーションをもつ標本

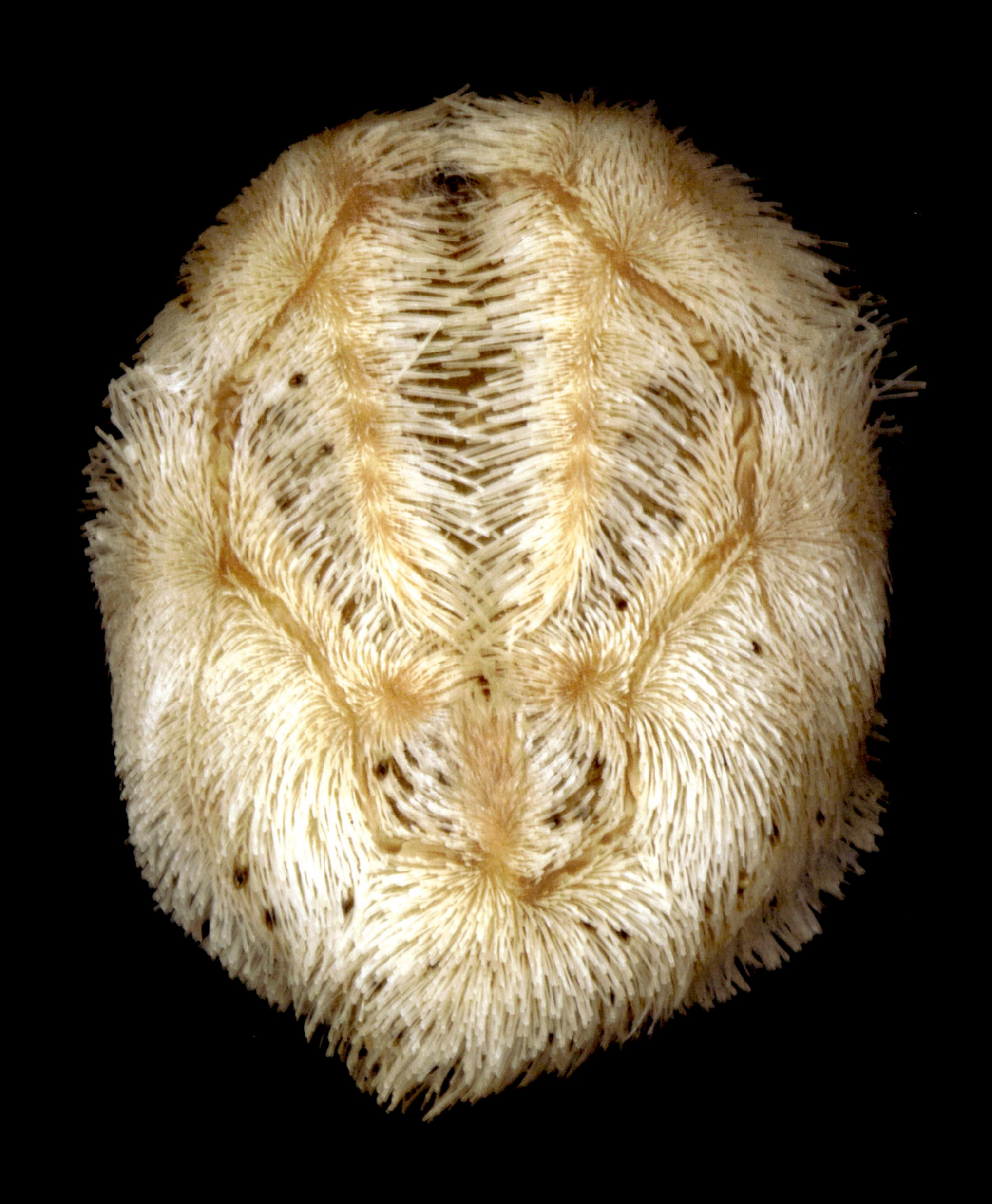

竪琴のようなウニ

42.

Diploporaster savignyi
ブンブクチャガマ科の1種

Diploporaster savignyi（ブンブクチャガマ科の1種）は、熱帯域に生息する珍しいブンブクで、花紋のデザインが特徴的です。短い2つの後部花弁、竪琴を思わせる2つの前方花弁、そして前側の深くくぼんだ正面花弁という構成は、粒子の細かい泥に潜る特殊な生態に適応した結果です。

学　名：*Diploporaster savignyi*
産　地：オーストラリア、クイーンズランド州、グレート・バリア・リーフ、リザード島沖、ノース・ディレクション島
水　深：10 m
サイズ：殻長35 mm

鉛筆が刺さったようなウニ

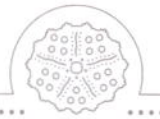

43.

Heterocentrotus mammillatus
パイプウニ

この重厚な棘をもつ夜行性の大きなウニは、見た目にもかかわらず、サンゴの狭い隙間に入り込むことができます。隙間の中で棘を使ってしっかり体を固定されてしまうと、捕食者がこのウニを取り出すことはほぼ不可能です。棘の色にはいくつかのバリエーションがあることが知られており、先端近くに白い縞がある暗褐色の棘を持つものもあります。

学　名：*Heterocentrotus mammillatus*
産　地：ソロモン諸島、メンダーナ・リーフ
水　深：浅瀬
サイズ：殻長43 mm

棘のない標本

44. 

Fibularia nutriens
コモリマメウニ

これは世界最小のウニの1種で、成体になってもサイズは最大でわずか4 mmです。左の標本は雄、右の標本は雌です。雌は、雌だけが持っている三日月形の広い育房の中に子供たちを入れて守ります。子供のウニはやがて成長すると、安全な育房から出て、海底の砂の粒子の中から餌を探すようになります。

学　名：*Fibularia nutriens*
産　地：オーストラリア、ニューサウスウェールズ州、クロヌラ・ビーチ沖
水　深：135 mm
サイズ：殻長3 mm

棘のある雌の標本

世界最小のウニ

割って食べられそうなウニ

45.

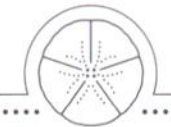

Ammotrophus cyclius
センベイウニ科の1種

カシパン類は、オーストラリア南部の温帯の海域で見つかることはあまりありません。この発見されたカシパン類は、海底の砂地のコロニーに生息しており、ビロードのような棘を動かすことでゆっくりと移動します。時々、海が荒れると浜辺に打ち上げられることがあります。

学　名：*Ammotrophus cyclius*
産　地：オーストラリア、南オーストラリア州、ローブ
水　深：10 m
サイズ：殻長83 mm

標本の底面

枝が生えた樹木のようなウニ

46.

Goniocidaris florigera
トゲザオウニ属の1種

このウニの棘の表面には、互いにつながっている細かい毛が高密度で生えています。棘の全長にわたり、枝状の構造が一定間隔で外向きに突き出しており、さらに頂部付近からは縁が鋸歯状（きょしじょう）のカップ型の棘が生えています。カップ型の棘は成長するにつれて鋭くなっていきます。

学　名：*Goniocidaris florigera*
産　地：フィリピン、バラット島
水　深：200〜300 m
サイズ：殻径33 mm

棘の細部。生えている毛は互いにつながっている

たわわに果実が実ったウニ

47.

Chondrocidaris brevispina
モモノキウニ

この浅海に生息するウニの棘の先端は赤いスポンジ状で、まるで棘の上でサンゴが成長したかのようにみえますが、これは驚くことではありません。このウニは浅瀬のサンゴ礁に生息しているため、周囲に溶け込めるように棘の形を適応させたのです。

学　名：*Chondrocidaris brevispina*
産　地：オーストラリア、クイーンズランド州、ヒンチンブルック島
水　深：浅瀬
サイズ：殻径65 mm

棘の先端のアップ

真紅に染まったウニ

48.

Stereocidaris granularis ruber

ダイオウウニ属の1種

殻が鮮やかな赤色の数少ないキダリス目の1種です。赤色の濃さと占める範囲は個体によってばらつきがあります。この標本は、殻が全体的に均一な赤色で、白色の棘疣（とげいぼ）と孔対（こうつい）の領域が美しい対照を成しています。また、この種は完全に白色の個体が見つかることもあります。

学　名：*Stereocidaris granularis ruber*
産　地：フィリピン、バラット島
水　深：250 m
サイズ：殻径70 mm

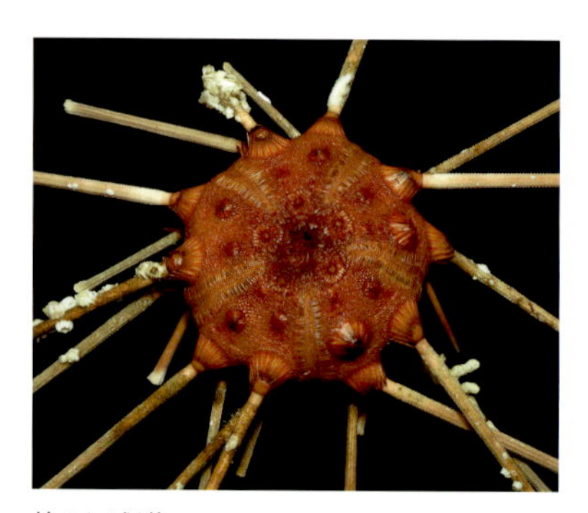

棘のある個体

キルト細工のような模様を持つウニ

49.

Amblypneustes grandis
サンショウウニ科の一種

この鐘型のウニは、オーストラリア南部の海岸沿いで見つかる他の*Amblypneustes*属と異なり、落ち着いた潮下帯の海域を好みます。この繊細なオレンジ色と白色のジグザグ模様と背が高い殻の形状は、オーストラリア南部に生息しているウニの特徴です。

学　名：*Amblypneustes grandis*
産　地：オーストラリア、南オーストラリア州、グレートオーストラリア湾
水　深：20 m
サイズ：殻径60 mm

間歩帯の殻板（かくばん）で見られるジグザグ模様のアップ

クルクル回りそうな
歯車型のウニ

50.

Heliophora orbicularis
ハグルマカシパン

これは現存する中で最も風変わりな適応を遂げたカシパンの1種で、アフリカの西海岸でのみ発見されています。殻の後端が分裂して伸びているのは、堆積物の中に潜りやすくするためと、水流によって体がひっくり返されるのを防ぐためです。殻の下面に密集して生える細かい棘を用いて前進します。

学　名：*Heliophora orbicularis*
産　地：アフリカ西部、モーリタニア
水　深：浅瀬
サイズ：殻長50 mm

食溝(しょくこう)がはっきり見える底面

個体の下面には、
砂を掘り進めるためのヘラ状の棘がある

ブラシのような棘で覆われたウニ

51.

Aceste sp.
クツガタユメブンブク属の1種

遠隔操作による深海調査では、奇妙な見た目の特殊な海洋生物が見つかることが多々あり、この高度に進化したブンブクもその1つです。興味深いことに、一般にブンブクが持っている花弁のうち4つがなく、残りの1つの花弁が深くくぼんで殻の中央の溝となり、その溝の中にある小さな孔対（こうつい）からブラシのような管足が出ています。管足は、伸長と収縮を繰り返すことで、砂の中から海底表面へつながる水路を作り、老廃物を排出します。

学　名：*Aceste* sp.
産　地：オーストラリア、ビクトリア州、ポートランド沖
水　深：1087 m
サイズ：殻長13 mm

フロリダに生息するウニ

52. 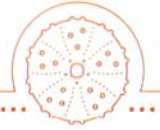

Coelopleurus floridanus
ベンテンウニ属の1種

この深海にだけ生息している希少で魅力的なウニの外観は、オレンジ色と白色の筋が交互に美しい対称を描いており、若干の紫色のアクセントが入る場合もあります。この種は*Coelopleurus*属(ベンテンウニ属)の中で最大の種です。生態や、同じ環境に住んでいる他の海洋生物との関係の多くは謎のままです。

学　名：*Coelopleurus floridanus*
産　地：アメリカ合衆国東海岸
水　深：130 m
サイズ：最大の標本で殻径42 mm

底面

くぼみの中で子供を守るウニ

53.

Abatus nimrodi
ブンブクチャガマ科の1種

南極の冷たい海もウニが多様で、さまざまな種のウニが新しく発見されています。とりわけ多いのが、ブンブクやキダリスです。本種はウニでは珍しい、子供を育てるウニです。この写真では左に雄、右に雌を並べました。雌は花弁が洞窟のように深くくぼんでおり、ここが子供用の育房として使われます。雄の花弁はほとんどくぼんでいません。

学　名：*Abatus nimrodi*
産　地：南極大陸、プリズ湾
水　深：320 m
サイズ：殻長60 mm

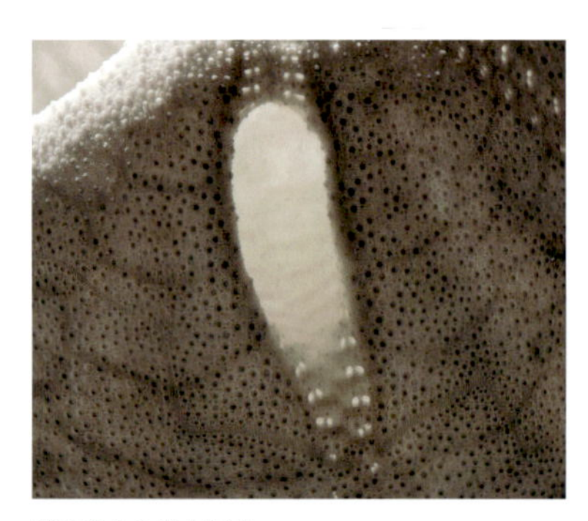

雌の花弁の拡大写真

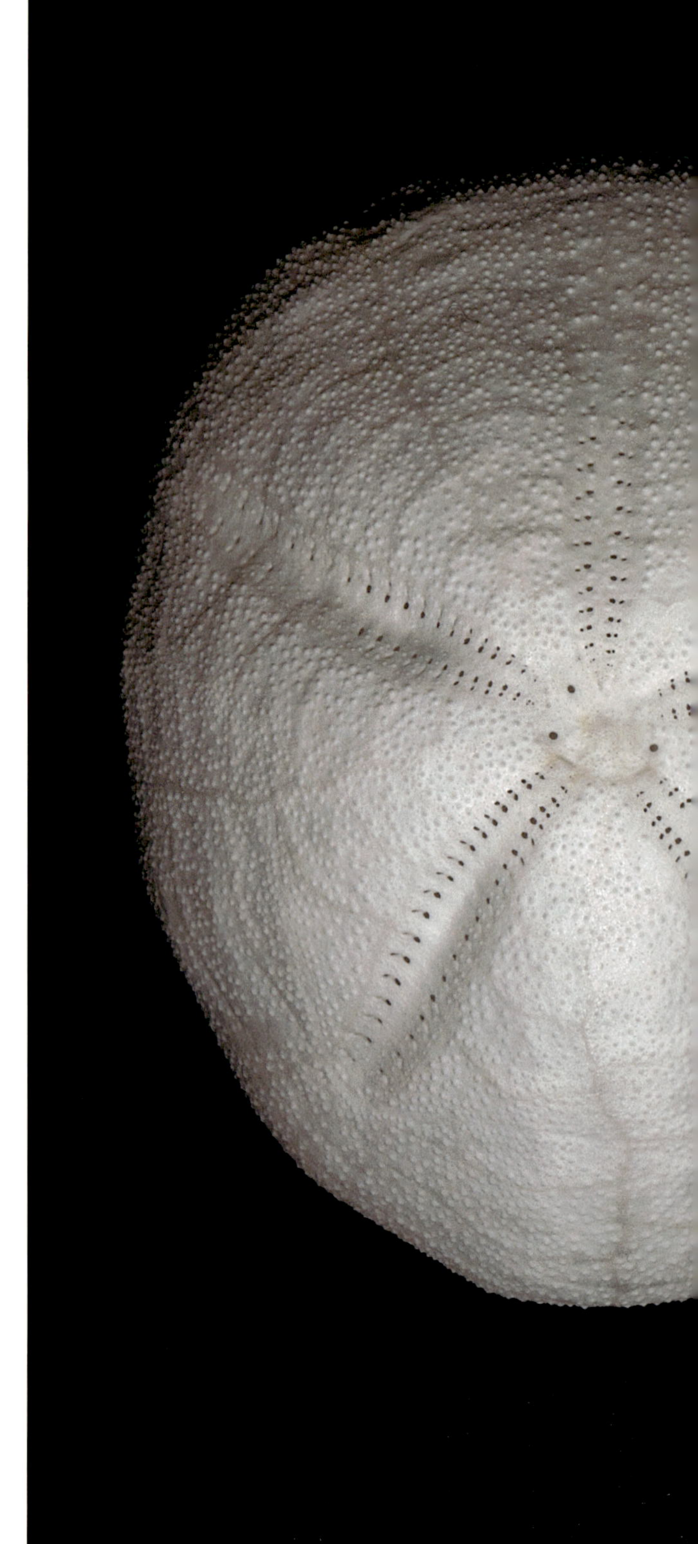

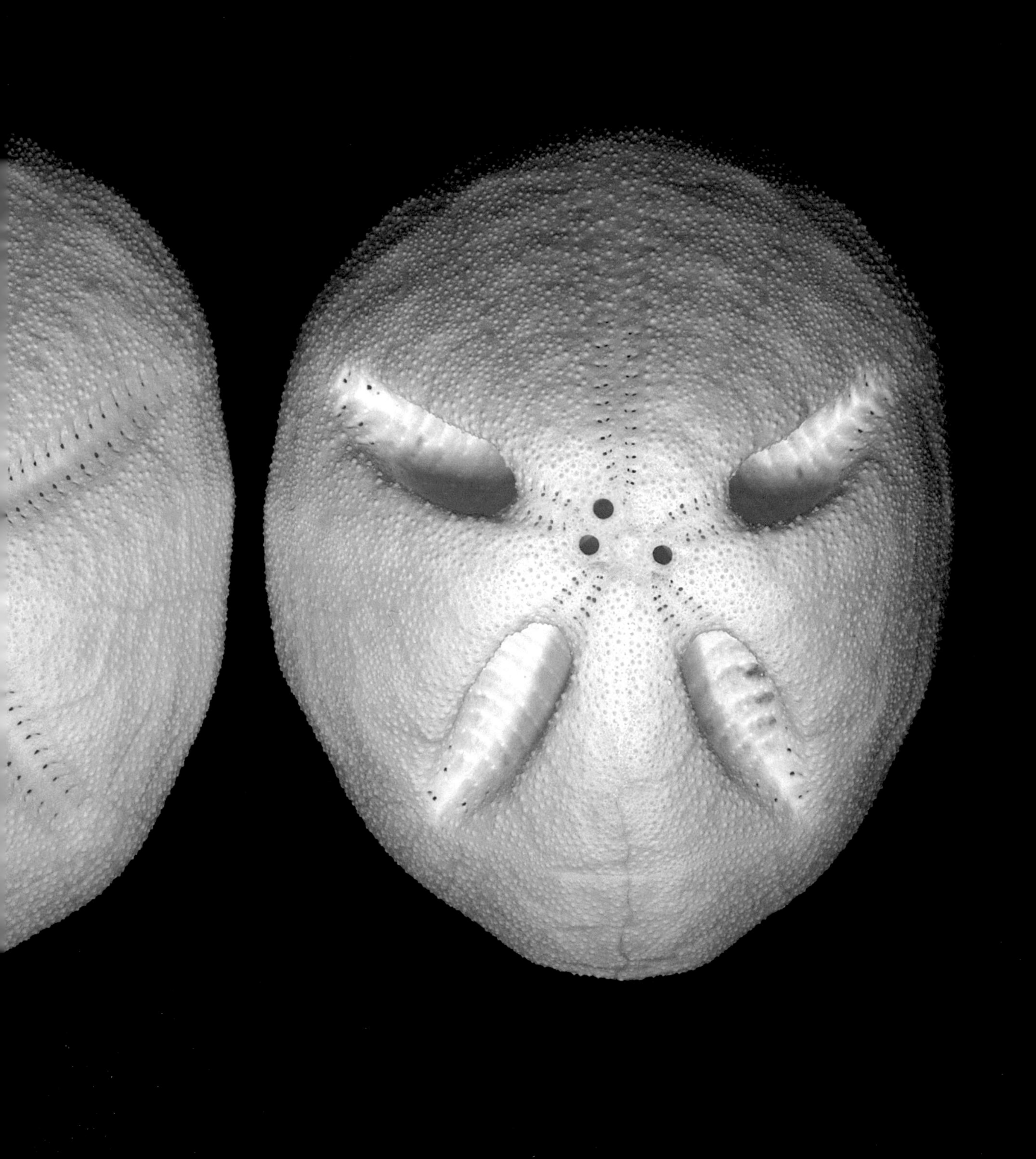

糸で縫ったようなウニ

54.

Amblypneustes hybrid
サンショウウニ科の1種

放射相称間の縫合線に際立ったジグザグ模様がある、珍しいハイブリッドのウニです。ハイブリッド種のこれほど良好な状態の標本は、今までに2個しか見つかっていません。領域ごとに異なる色のグラデーションが見られます。

学　名：*Amblypneustes formosus/pallidus hybrid*
産　地：オーストラリア、南オーストラリア州、グールワ
水　深：浅瀬
サイズ：殻径22 mm

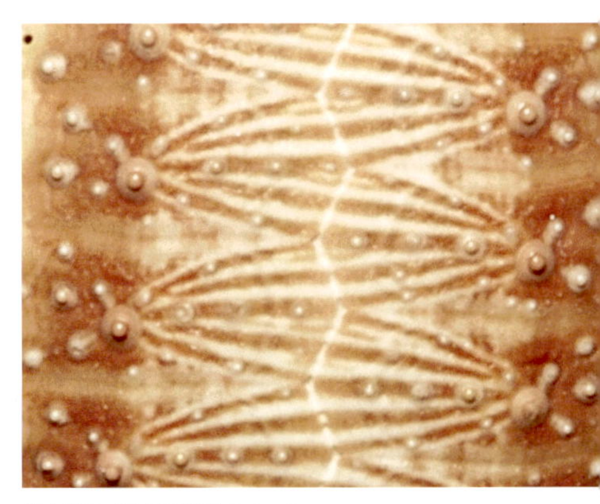
縫合線のジグザグ模様のアップ

民族衣装のようなウニ

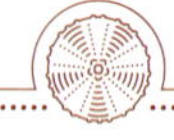

55. *Mespilia globulus*

コシダカウニ

暗色の帯が特徴的なウニです。熱帯に広く生息しているこの種は、生きているときでも暗色の5つの帯部分には棘が生えていません。この領域には棘疣（とげいぼ）も生えていないため、表面も滑らかになっています。このような目立つ配色のおかげで、インド-太平洋地域では幅広く知られています。

学　名：*Mespilia globulus*
産　地：フィリピン、ボホール島
水　深：浅瀬
サイズ：最大の標本で殻径46 mm

棘のある生きた個体

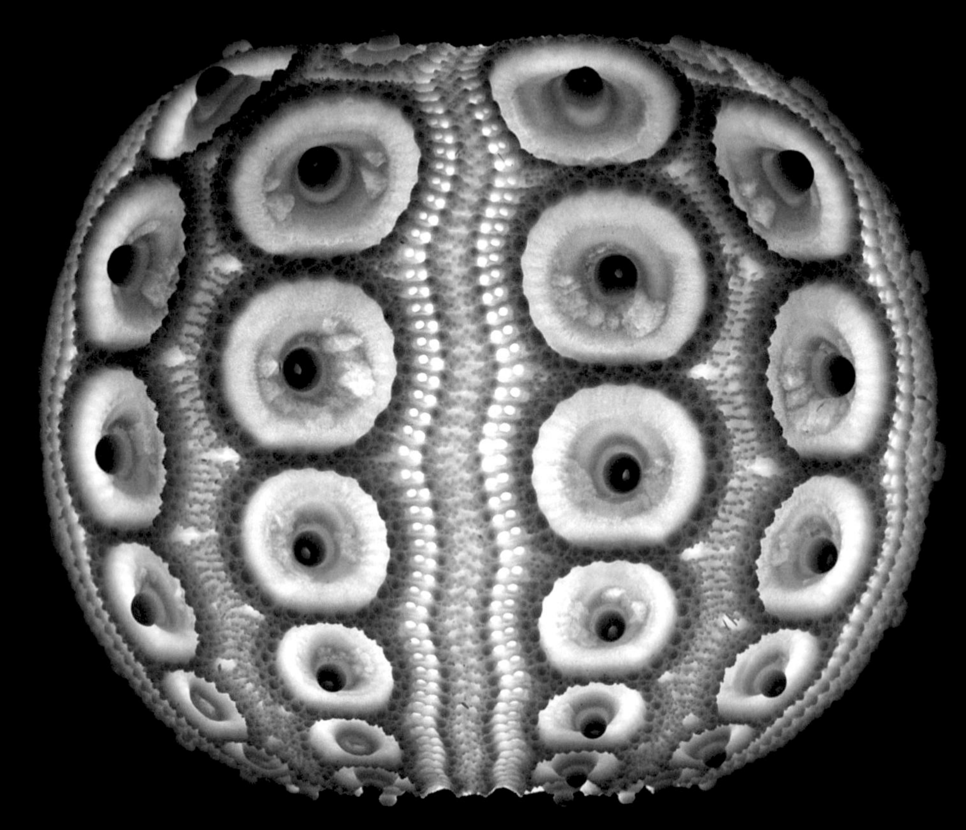

くぼんだ棘疣と縫合線付近の小孔を照明で目立たせている

56.

Goniocidaris peltata
トゲザオウニ属の1種

この純白のウニは、殻の上面と下面が平らな一方で、側面への傾斜が非常に急なため、樽のような見た目になっています。小型で脆い種で、太平洋の深海だけに生息しています。

学　名：*Goniocidaris peltata*
産　地：西太平洋海域、スタイラスター&ジュノー海山
水　深：250〜500 m
サイズ：殻径27 mm

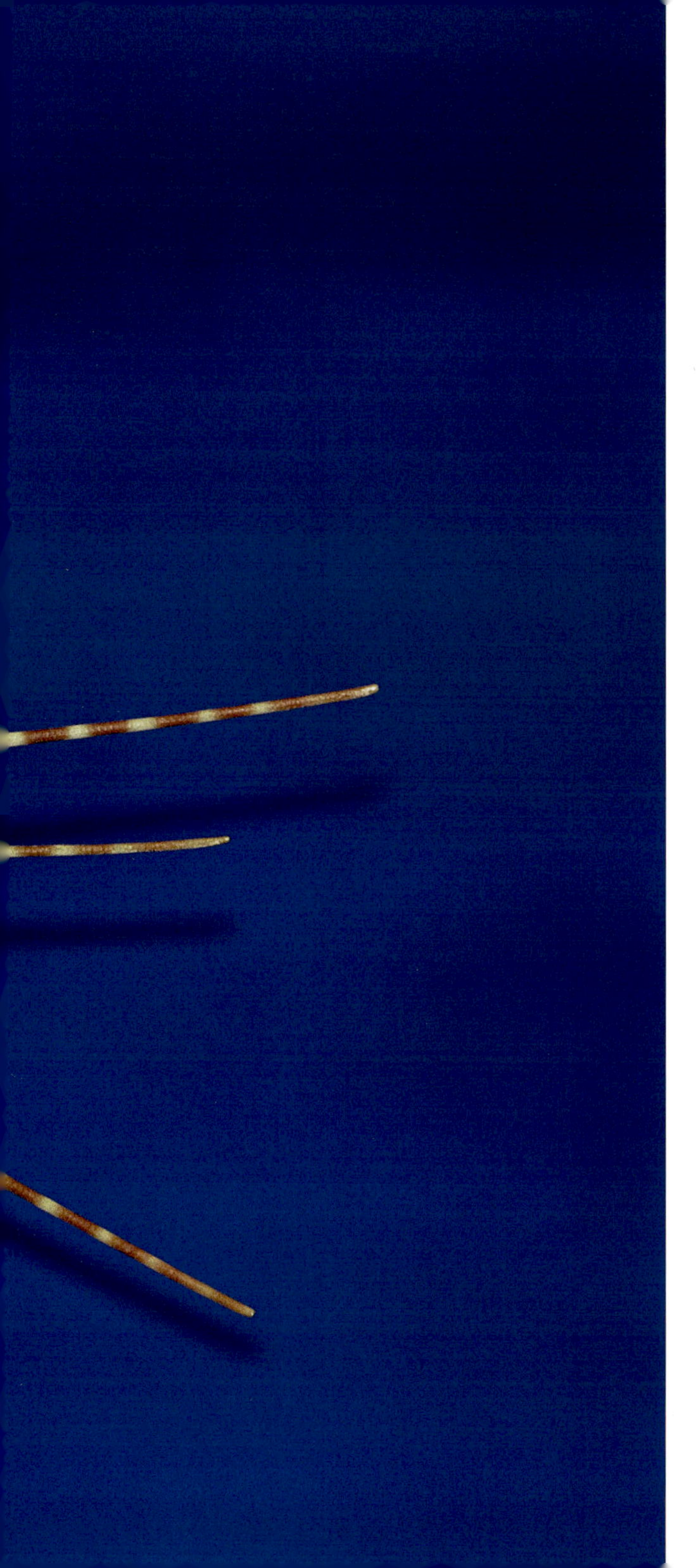

蜘蛛のようなウニ

57.

Bathysalenia cincta
リュウグウカガゼ

この種はSaleniidsとして知られる、深海だけに生息しているウニのグループに属します。棘の長さと殻径とを比較すると、ほとんどの正形ウニよりも、棘がはるかに長くなっています。

学　名：*Bathysalenia cincta*
産　地：フィリピン、バリカサグ島
水　深：150〜250 m
サイズ：殻径8 mm、最長の棘の長さ42 mm

長い棘の基部の周囲に小さな棘が生えており、棘の基部の筋肉などの軟部組織が守られている

58.

Bathysalenia cincta
リュウグウガゼ

くの字が特徴的なウニ

この緑系の3つの色合いを有する不思議なウニは、前ページと同じウニです。どちらも美しいことに変わりはありませんが、棘の有無によって見た目が大きく変わるさまを見せてくれます。この種が属するSaleniidsというグループのウニは、装飾性の高い頂上系の殻板が特徴的です。表面全体をよく観察すると、大きな棘疣(とげいぼ)の周囲に細かいシワや小さな切り込みがあることが分かります。Saleniidsは、放射相称性のウニの中で最も小さい種の1つです。

学　名：*Bathysalenia cincta*
産　地：フィリピン、バリカサグ島
水　深：150〜250 m
サイズ：最大の標本で殻径9 mm

側面

生涯を岩の間で過ごすウニ

59.

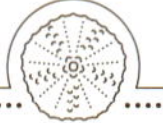

Echinostrephus molaris
ミナミタワシウニ

Echinostrephus molaris（ミナミタワシウニ）は、その一生のほとんどを、サンゴ岩の穴の中に閉じこもって過ごします。本体は穴の入り口付近で安全に隠れており、長い棘だけを穴の外に伸ばして、流れてくる餌を捕捉します。警戒すると穴の中に引っ込むため、取り出すことは不可能になります。

学　名：*Echinostrephus molaris*
産　地：オーストラリア、西オーストラリア州、ニンガルー・リーフ
水　深：4.5 m
サイズ：殻径15 mm

棘のない標本

たくさんの切れ込みを持ったウニ

60.

Rotula deciesdigitata
ハグルマスカシカシパン

この種は、潮間帯に生息しているカシパンの中で最も風変わりな形をしていると言えるでしょう。殻の切り込みとすかし孔は、潮間帯の砂質の浅瀬で餌を捕らえやすく、かつ潜りやすくするために適応した結果です。

学　名：*Rotula deciesdigitata*
産　地：アフリカ西部
水　深：浅瀬
サイズ：殻長43 mm

標本の下面

上面が美しいウニ

61.

Centrostephanus rodgersii
アスナロガンガゼ属の1種

この大きく拡大されたウニの上面には、さまざまな殻板、孔対、棘疣によって生成された五放射相称が写っています。中央の膜には、小さな骨片が浮かんでいます。その外側には、配偶子を生殖孔から排出する5枚の生殖板があります。各生殖板と交互に配置されているのは5枚の終板で、ここから何列もの孔対が生み出されます。孔対からは呼吸および移動用の管足が出てきます。

学　名：*Centrostephanus rodgersii*
産　地：オーストラリア、ニューサウスウェールズ州、ショール・ベイ
水　深：2 m
サイズ：殻径88 mm

棘のない標本

62.

Brisaster latifrons
キツネブンブク

この殻が脆い深海性ブンブクの内部に照明を入れて、裸眼では見にくい美しい細部を際立たせました。花弁を形成する孔対(こうつい)のディテールを鮮明に確認でき、帯線(たいせん)(花紋を囲む一連の微細な疣の集まり)もはっきり見えます。

学　名：*Brisaster latifrons*　　水　深：1800 m
産　地：アメリカ合衆国、カリフォルニア州　　サイズ：殻長38 mm

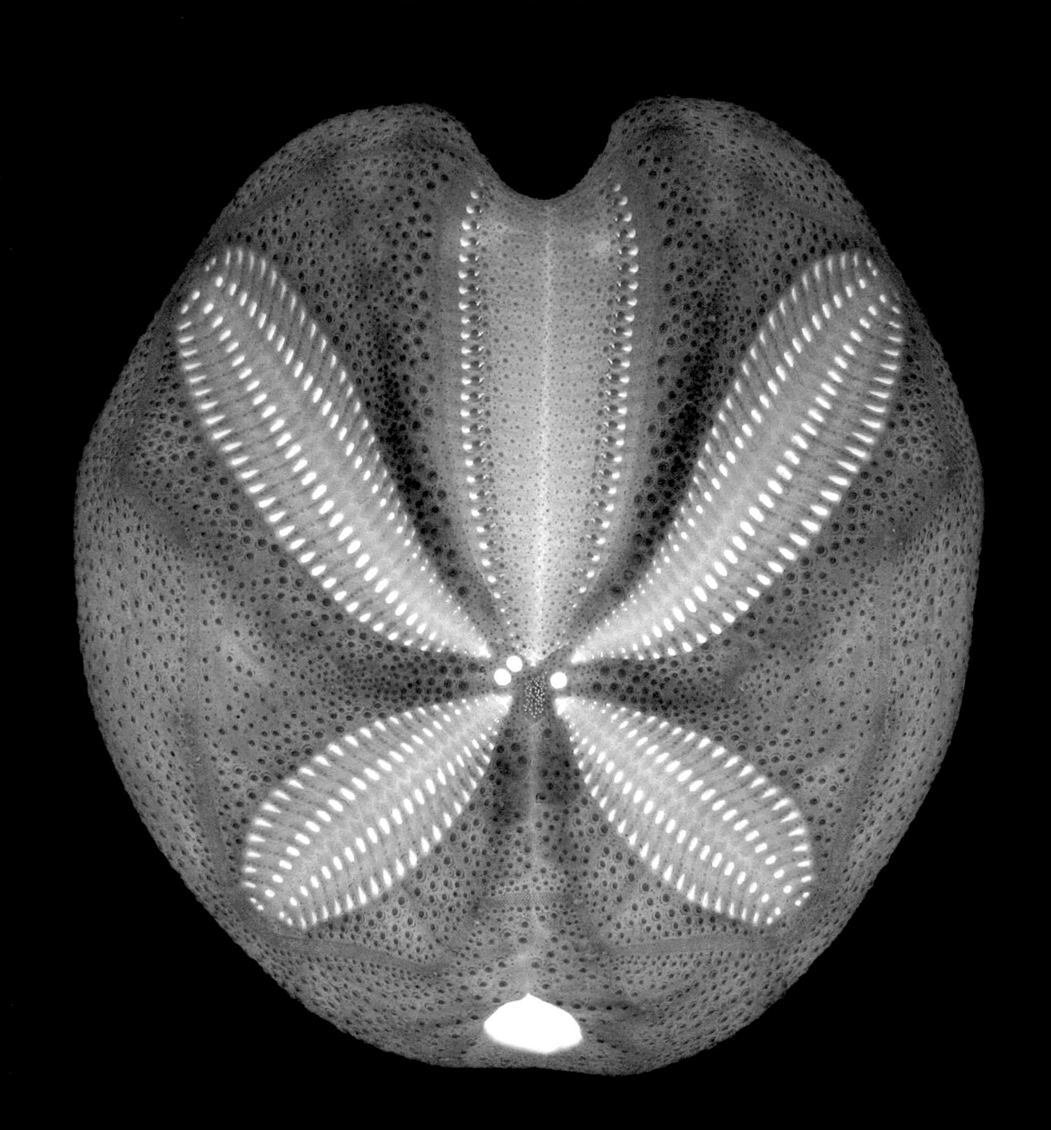

深海に生息するウニ

ドングリを身にまとったウニ

63.

Psychocidaris ohshimai
ドングリウニ

このユニークなドングリ型の棘は、先端部が浸食され、欠けているようにも見えますが、これが自然な形です。殻の下面に近い棘ほど、長いヤスリのような形状に伸びます。この特徴的な種は、最近オーストラリア北西の海岸で初めて記録されました。

学　名：*Psychocidaris ohshimai*
産　地：フィリピン、アリグアイ島
水　深：300 m
サイズ：殻径27 mm

同じ個体の底面

石ころほどの小さなウニ

64.

Fibulariella acuta

コメツブウニ

これらの砂の中に生息する小さなウニは、小石ほどの大きさで、生きているときには多くの吸盤付きの管足を出し、砂粒を持つことでカモフラージュしています。その結果、砂の塊と見間違われることもよくあります。高潮が届く辺りの海岸まで、他の生物片と一緒に打ち上げられることがありますが、生きている状態で発見されるのは稀です。

学　名：*Fibulariella acuta*
産　地：オーストラリア、ニューサウスウェールズ州、ポート・スティーブンス
水　深：3 m
サイズ：平均殻長9 mm

殻の下面の中心には口がある

まるで色塗られたようなウニ

65.

Coelopleurus granulatus
ベンテンウニ属の1種

これらの目を引く深海ウニは、バリエーションが非常に豊富です。紫色のジグザグの領域は濃い赤色の線で区切られ、その間には短いオレンジ色の縞があります。これらの色を生み出している化合物は安定しているため、鮮明な色が時の経過とともに失われることはありません。

学　名：*Coelopleurus granulatus*
産　地：フィリピン、バリカサグ島
水　深：100〜120m
サイズ：平均殻径34 mm

棘のある個体

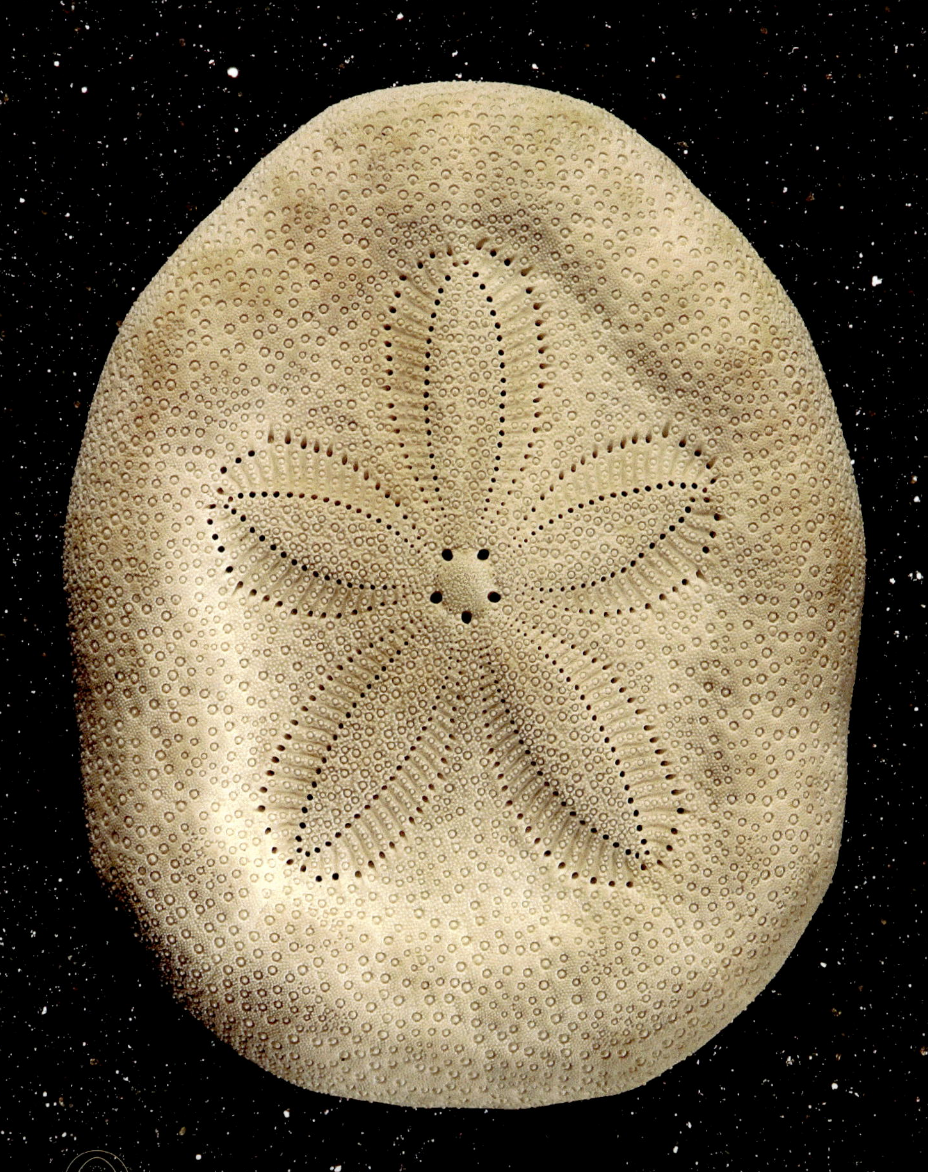

花柄が美しいウニ

66.

Clypeaster reticulatus
ヒメタコノマクラ

これは熱帯のサンゴ砂の中に住んでいる一般的な種です。これほど優美なデザインの海洋生物が自然の中でどのように生まれたのか？と考え込まずにはいられないでしょう。タコノマクラやカシパンは、花弁部分の孔対から伸びる呼吸専用の管足を通じて呼吸を行います。

学　名：*Clypeaster reticulatus*
産　地：フィリピン、ボホール島
水　深：浅瀬
サイズ：殻長41 mm、殻幅33 mm

淡い緑色のウニ

67.

Amblypneustes pallidus
サンショウウニ科の1種

この2つの個体を見ても、この種の殻板の色のバリエーションがどれほど豊富であるかお分かりいただけるでしょう。オーストラリア南部に分布しており、ばらつきはあるものの、発見される海域ごとに異なる色合いの個体が存在します。

学　名：*Amblypneustes pallidus*
産　地：オーストラリア、南オーストラリア州、アルディンガ・ベイ(左個体)とエディスバーグ、ワットル・ポイント(右個体)
水　深：1 m
サイズ：最大の標本で殻径46 mm

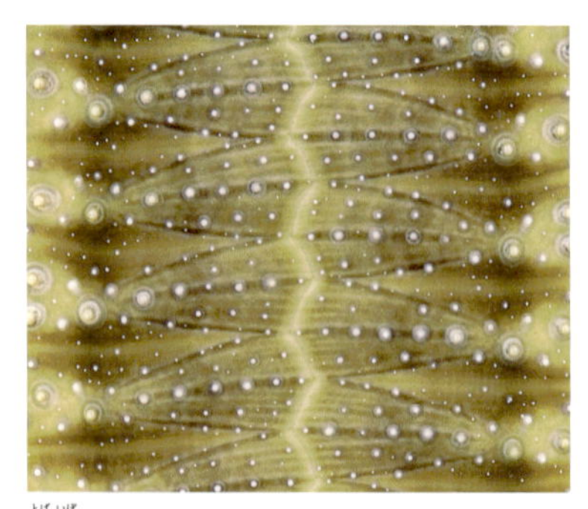

棘疣の細部

繊細で壊れやすいウニ

68.

Linopneustes spectabilis
ウルトラブンブク属の一種

この大きなブンブクは、砂の中に潜るよりも、餌を求めて海底の堆積物の上層を這い回ることを好みます。やや長い棘で表面を覆うことで自衛しています。このブンブクの殻板(かくばん)は非常に脆いため、完全な標本を手に入れるのは容易ではありません。

学　名：*Linopneustes spectabilis*
産　地：フィリピン、バリカサグ島
水　深：150～250 m
サイズ：殻長143 mm

棘のある個体

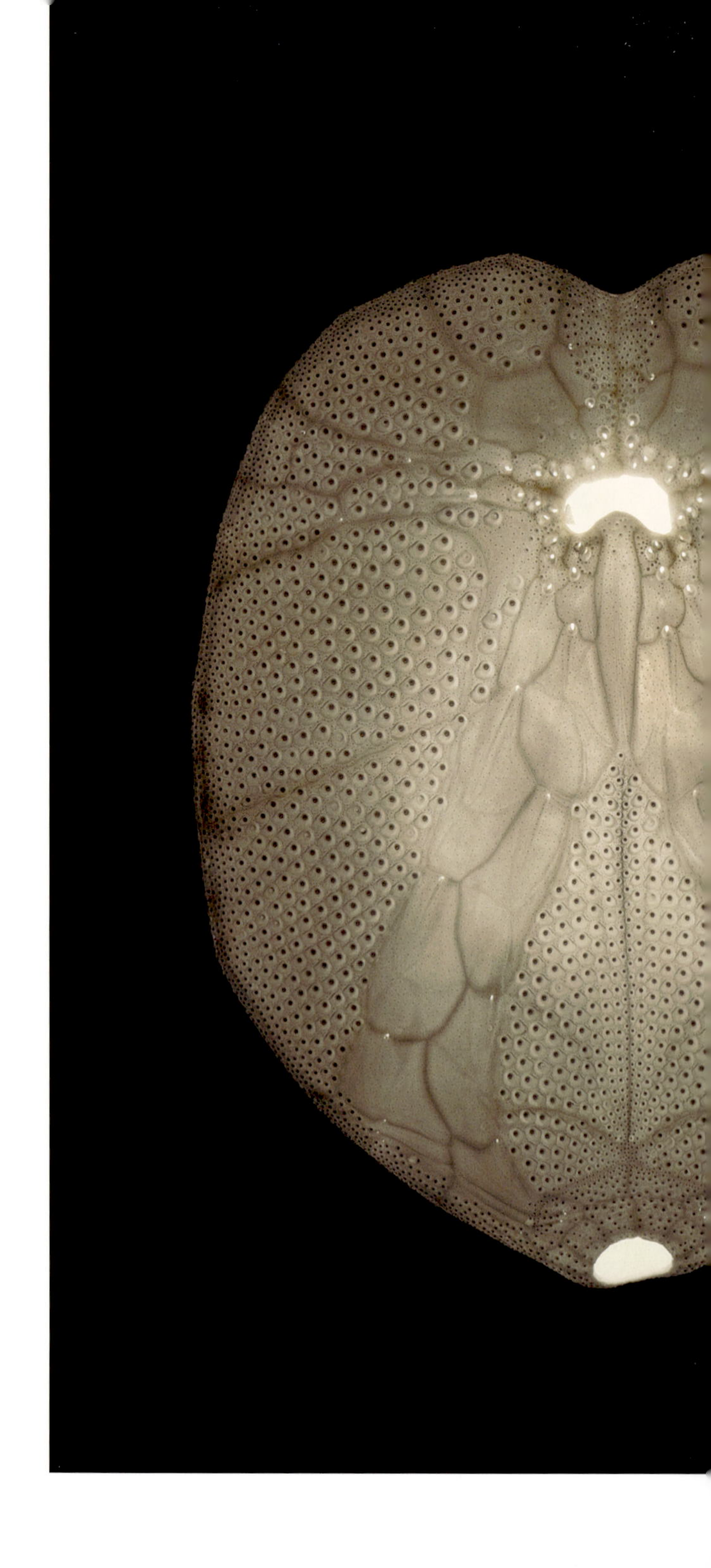

古代遺跡の彫刻のようなウニ

69.

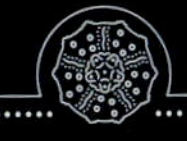

Lissocidaris xanthe

ホンキダリス科の1種

この新しく発見されたウニの高解像度写真は、多孔質の網目構造に残っていた有機物を除去することによって撮影できました。大きなピンク色の棘疣を囲む小さな疣と、白く光っている孔対の領域との組み合わせが、美しいのが特徴です。

学　名：*Lissocidaris xanthe*
産　地：フィリピン、バリカサグ島
水　深：150〜250 m
サイズ：殻径38 mm

ツートーンカラーのウニ

70. 

Salmacis bicolor
ヒオドシウニ

Salmacis bicolor（ヒオドシウニ）は、オーストラリア南部海域の固有種*Amblypneustes formosus*（サンショウウニ科の1種）に若干似ており、殻板の水平な縫合線に、茶色がかった菱形の模様が見られます。このウニは、成長するにつれてこの特徴的な模様が消えていき、大きい個体ほど均一な淡黄褐色になります。

学　名：*Salmacis bicolor*
産　地：フィリピン、ボホール島
水　深：100 m
サイズ：殻径60 mm

印象的なコントラスト模様がすべて失われた、完全な成体の標本

星が描かれたウニ

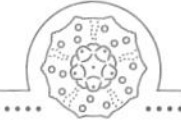

71.

Stylocidaris amboinae
サテライトウニ属の1種

このウニの上面にある星型模様の部分は、「頂上系」と呼ばれています。5つの大きな緑色の生殖板が、囲肛部の濃い緑色の多数の小骨片を囲んでおり、残りの終板は白色のままであるために星型となっています。生殖板は配偶子の拡散、終板は新しい板の生成といった特定の機能を果たします。

学　名：*Stylocidaris amboinae*
水　深：150 m
産　地：フィリピン、バリカサグ島
サイズ：最大の標本で殻径36 mm

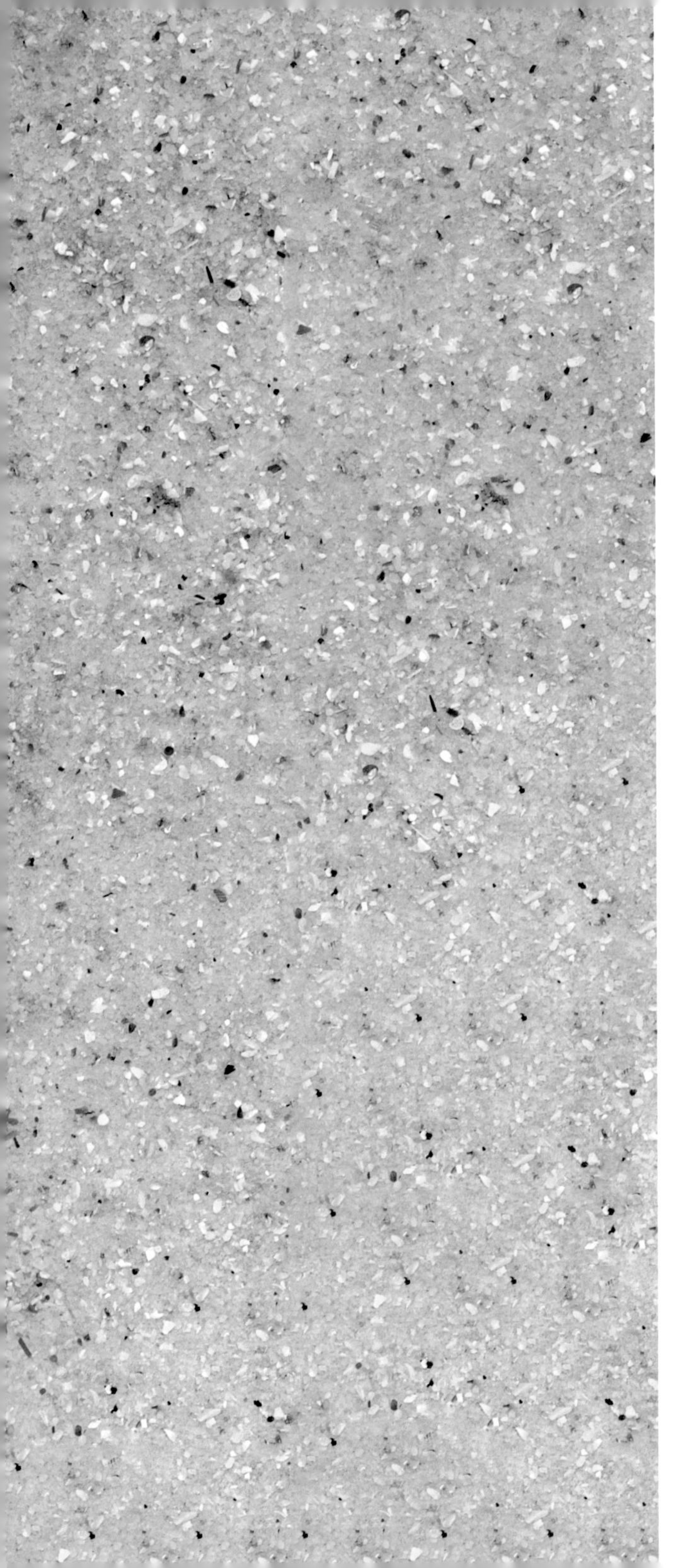

毛皮をまとったウニ

72.

Ammotrophus arachnoides
センベイウニ科の1種

非常に平らなビスケット形のタコノマクラの仲間で、オーストラリア南西部のとても浅い海だけに生息しており、その生態はほとんど知られていません。写真に写っているのは下面で、特徴的な菱形の模様が食溝(しょくこう)に沿って繋がっており、そのまま口へと続いています。このような模様は、タコノマクラやカシパンの仲間の下面としては稀です。

学　名：*Ammotrophus arachnoides*
産　地：オーストラリア、西オーストラリア州、マーミオン・マリン・パーク、ウィットフォード・ロック
水　深：7〜9 m
サイズ：殻長144 mm

表面は毛皮のような高密度の棘によって覆われている

真っ白なヒゲを持つウニ

73.

Tripneustes gratilla
シラヒゲウニ

高い生命力があるウニで、熱帯と温帯の両方の環境に十分に適応できます。浅瀬に住んでいることが多く、特に海藻などの餌が豊富な温帯の海域で大きく成長します。棘、管足、および叉棘の色はバラエティに富んでいるため、生きている状態で種を見分けるのは困難です。しかし、基本的に管足は白色なことが多く、それが白いヒゲの様に見えることからシラヒゲウニと呼ばれます。

学　名：*Tripneustes gratilla*
産　地：（前個体）オーストラリア、
西オーストラリア州、ニンガルー・リーフ
（後個体）オーストラリア、
ニューサウスウェールズ州、ショール・ベイ
水　深：浅瀬
サイズ：最大の標本で殻径63 mm

青色の叉棘と白色の棘を持った個体

まさにタマゴのようなウニ

74.

Echinoneus cyclostomus
タマゴウニ

「タマゴウニ」と呼ばれるこれらのユニークなウニは、タコノマクラ、カシパン、ブンブク、放射相称のウニと同じ特徴を持っていますが、独自に分類されるグループです。これらのウニは夜行性で、グループ内で現存している種は3種しかいません。通常は、熱帯礁の浅瀬にある岩の下に隠れています。

学　名：*Echinoneus cyclostomus*
産　地：オーストラリア、クイーンズランド州、グレート・バリア・リーフ、リザード島
水　深：1～2 m
サイズ：最大の標本で殻長30 mm

棘のある生きた個体

彫りが深いウニ

75. 

Goniocidaris tubaria
オニキダリス

非常に殻の背が高い種で、放射相称面間の縫合部に繊細な薄茶色の色素が形成され、際立ったアクセントとなっています。これらの部分と対照的に、歩帯の孔対(こうつい)がある領域には濃い茶色の色素が沈着しています。

学　名：*Goniocidaris tubaria*
産　地：オーストラリア、南オーストラリア州、ポイント・ボリングブローク
水　深：10 m
サイズ：殻径43 mm

同じ海域で見つかった棘のある個体

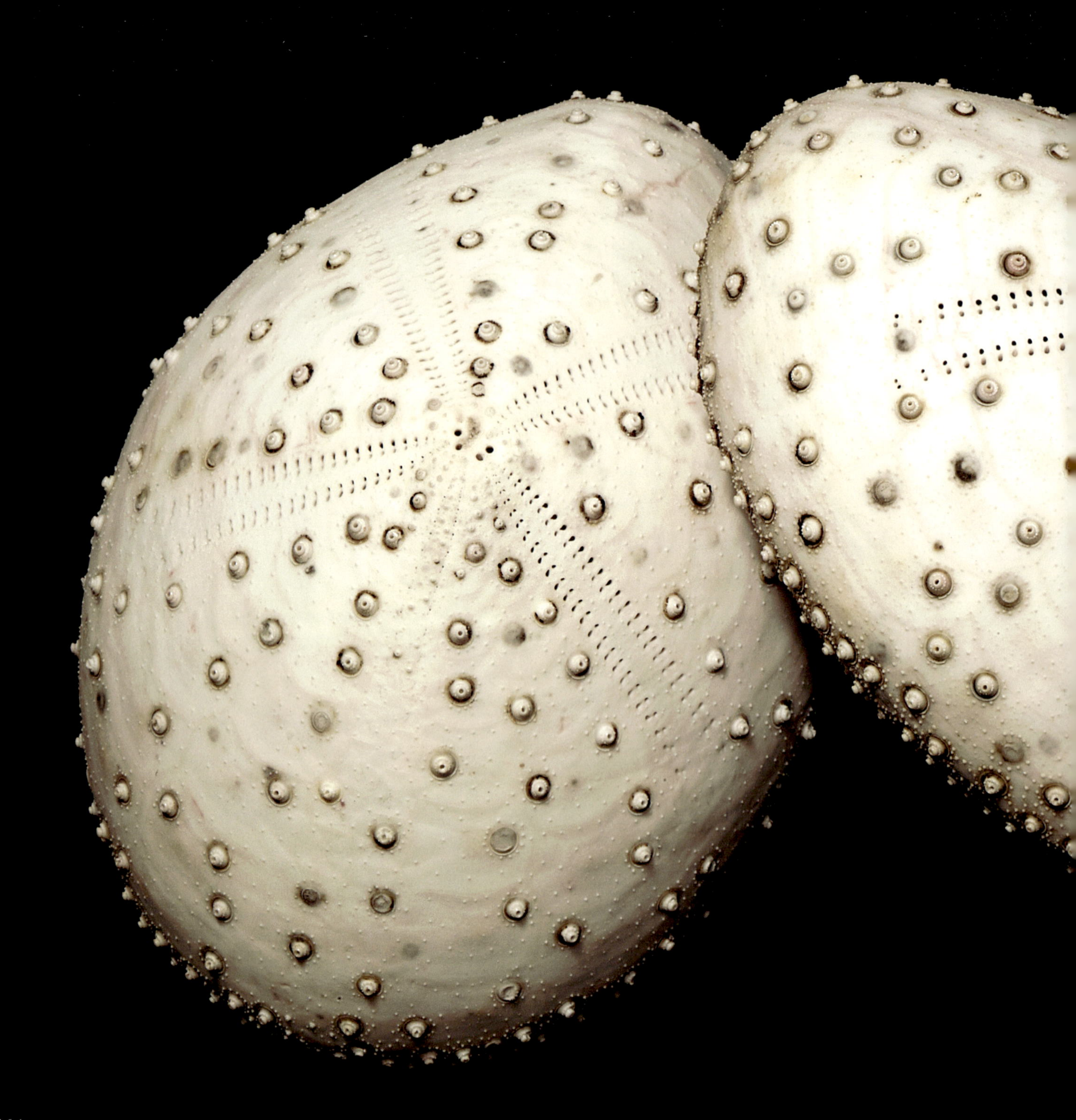

イボだらけのウニ

76.

Heterobrissus niasicus
バサラブンブク

このブンブクは砂に潜って生息することはなく、代わりに鋭い防御用の棘で身を守っています。これらの棘は、露出している殻の表面上に均等に分布しています。花紋はあまり発達しておらず、口は殻の下面中央にありますが、これらの特徴はブンブクとしては珍しいと言えます。

学　名：*Heterobrissus niasicus*
産　地：西太平洋海域、
　　　　スタイラスター＆ジュノー海山
水　深：200～500 m
サイズ：殻長100 mm

棘のある個体

殻が脆いオレンジのウニ

77.

Allocentrotus fragilis
オオバフンウニ科の1種

殻が平たく非常に脆い種です。このように殻はオレンジ色のグラデーションを持っていますが、棘が付いている状態では、その真の色合いをはっきり見ることはできません。このウニは群れで住んでいます。

学　名：*Allocentrotus fragilis*
産　地：アメリカ合衆国、カリフォルニア州、サンディエゴ、ナイン・マイル・バンク
水　深：250 m
サイズ：最大の標本で殻径65 mm

棘のある個体

葉のような花びらを持つウニ

78.

Spatagobrissus mirabilis
ブンブク目の1種

これは現在生きている2種の*Spatagobrissus*属のうちの1種で、温帯だけに生息する南アフリカの固有種です。もう1つの種は南オーストラリア州で発見されています。ほぼ完全な円形であること、等軸の幾何学的な葉のような花弁を持っていることにより、この属を見分けられます。

学　名：*Spatagobrissus mirabilis*
産　地：南アフリカ、クニスナ
水　深：浅瀬
サイズ：殻長100 mm

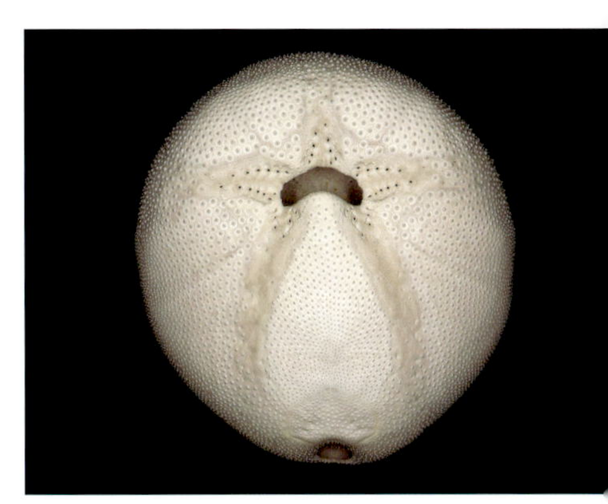

下面

地中海の珍味ウニ

79.

Arbacia lixula
チチュウカイアルバシア

干潮時の岩礁で海藻を食べているこのウニは、地中海周辺の一部の国で人気の珍味でもあります。写真には2種類のカラーバリエーションを載せました。一般的なオレンジ色と珍しいライムグリーンです。

学　名：*Arbacia lixula*
産　地：スペイン、ムルシア州、カラバルディナ
水　深：干潮時の海岸
サイズ：最大の標本で殻径50 mm

棘疣と孔対の形成

80.

Brissopsis luzonica
タヌキブンブク

熱帯に広く分布しているウニで、左右の花弁が横に圧縮されているために、互いに平行するような位置関係になっています。この種は脆くて、あまり大きく成長せず、夜間に巣穴から出て海底面の砂泥上に出てきます。世界中で*Brissopsis*（タヌキブンブク属）のさまざまな化石や種が新しく見つかっていますが、その多くは本種とは異なり花弁が外向きに広がっているのが特徴です。

学　名：*Brissopsis luzonica*
産　地：マルキーズ諸島北部、ヌク・ヒバ島、ウエア河口湾
水　深：27 m
サイズ：殻長38 mm

横方向に圧縮されたウニ

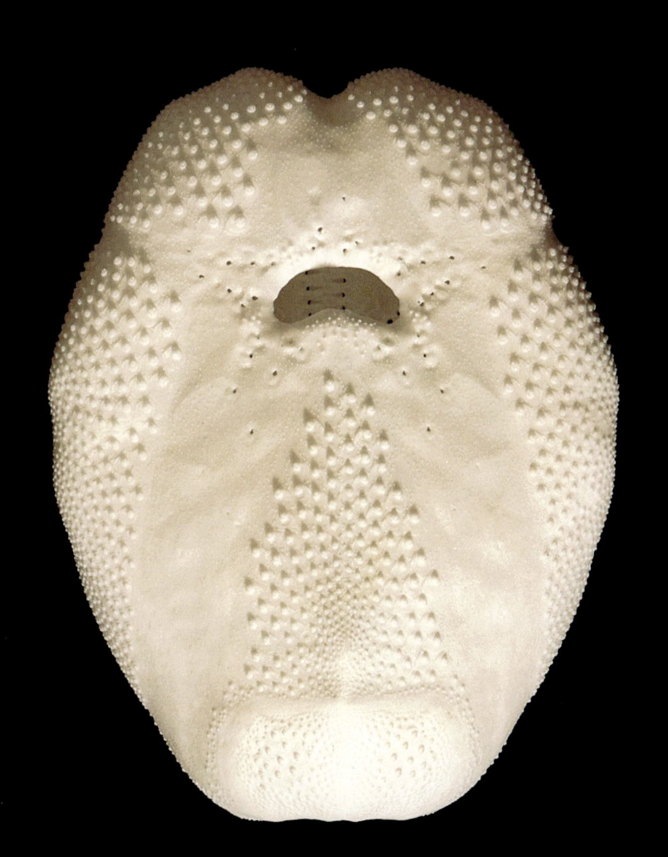

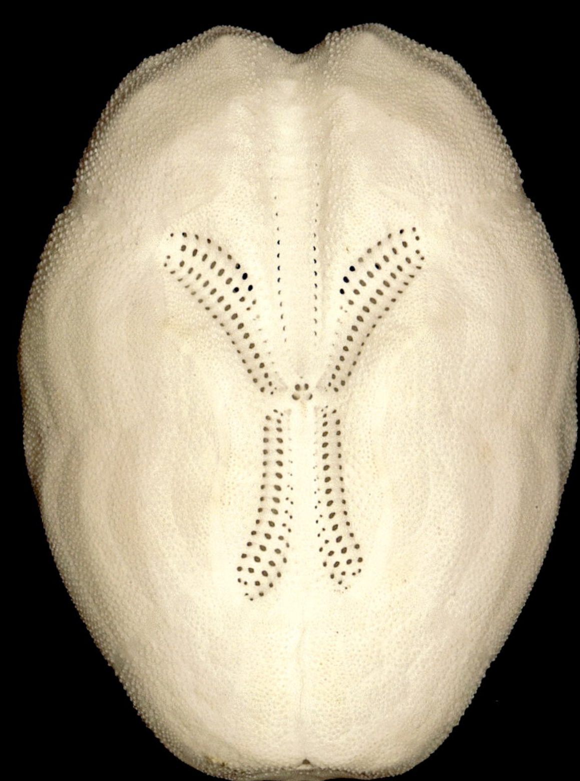

表面を焦がしたようなウニ

81. 

Arbacia incisa
アルバキア属の1種

Arbacia（アルバキア属）は、鮮明な色合いの深海ウニ*Coelopleurus*（ベンテンウニ属）の仲間ですが、浅瀬に住んでいます。*Arbacia incisa*（アルバキア属の1種）は、殻板の縫合部に三次元の影のようなコントラストが付いている点が、同属他種と異なります。

学　名：*Arbacia incisa*
産　地：メキシコ、バハ・カリフォルニア、マグダレーナ湾
水　深：干潮時の海岸
サイズ：最大の標本で殻径41 mm

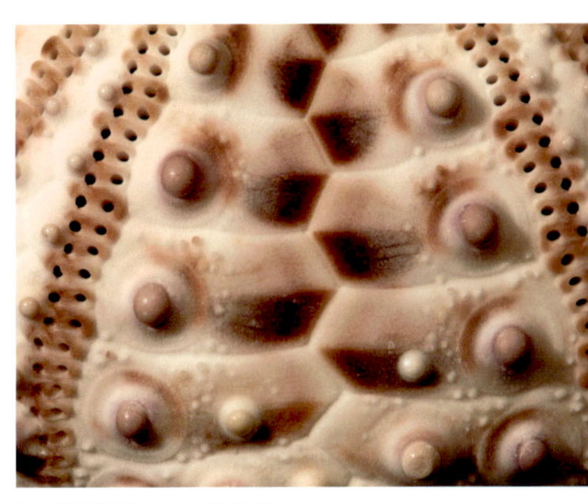

色の陰影が付いている縫合部

紫のウニ

82.

Purple Sea Urchins
紫のウニ

これらのウニが生きているときには、密集した棘で覆われているために、殻表面の美しい色は完全に隠れた状態になります。波によって岸に打ち上げられ、その過程で棘が抜け落ちることで、これらの色が初めて露出します。

学　名：*Temnopleurus alexandri*（サンショウウニ属の1種）①
Amblypneustes pallidus（サンショウウニ科の1種）②
Heliocidaris erythrogramma（ムラサキウニ属の1種）③
Podophora atratus（ナガウニ科の1種）④

産　地：オーストラリアの熱帯と温帯の地域

水　深：干潮時の海岸から水深10 m

サイズ：最大の標本で殻径66 mm

Podophora atratus（ナガウニ科の1種）の孔対と棘疣のアップ

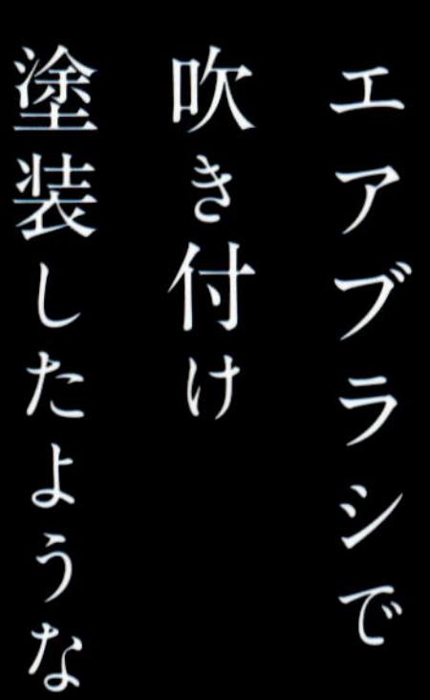

83.

Stereocidaris granularis ruber

ダイオウウニ属の1種

生物地理学的分布に応じて、色合いの濃さが大きく異なるウニも存在します。写真中央の白っぽいピンクの個体は、完全な赤、他の2つの個体と同じ種です。これらのウニは、フィリピン周辺の特定の海域内でそれぞれ独立的に生息しているようです。

学　名：*Stereocidaris granularis ruber*
水　深：250〜350 m
産　地：フィリピン、バリカサグ島
サイズ：最大の標本で殻径49 mm

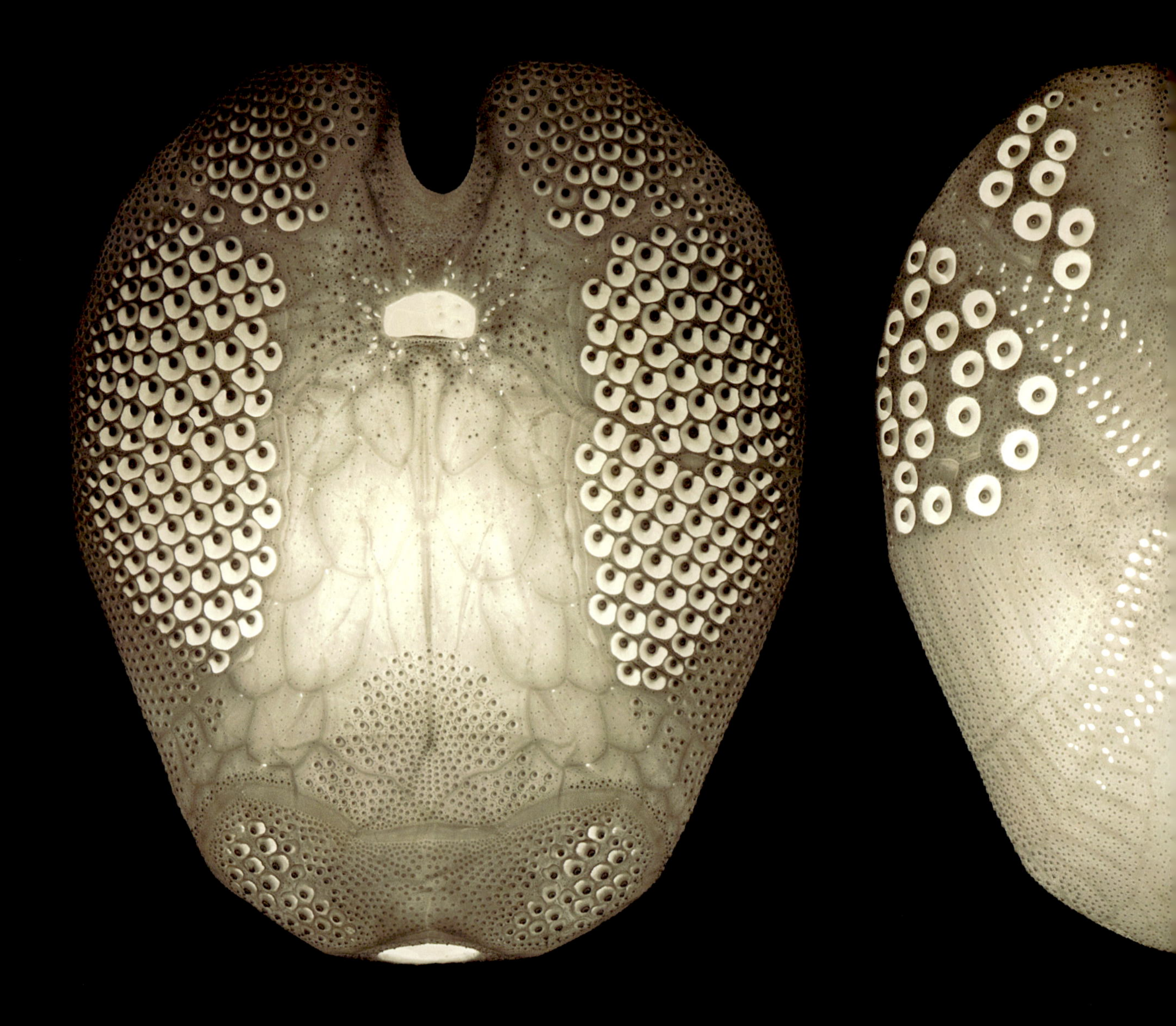

棘疣が深くくぼんだウニ

84.

Lovenia gregalis
ヒラタブンブク属の1種

深海に生息する脆いブンブク。粒子が細かいシルト質の海底に生息しています。防御用の棘を支えるくぼんだ棘疣（とげいぼ）の分布は、殻上面の前半分のみに限定されています。花弁は他の*Lovenia*属（ヒラタブンブク属）の種よりも星型に近い形をしています。

学　名：*Lovenia gregalis*
産　地：南シナ海
水　深：150 m
サイズ：殻長82 mm

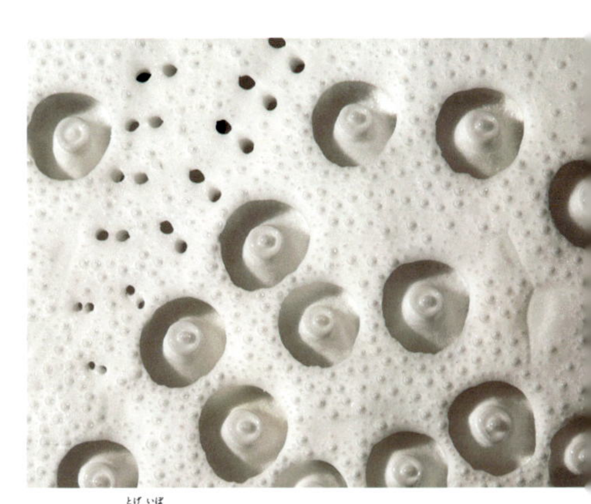

くぼんでいる棘疣（とげいぼ）のアップ

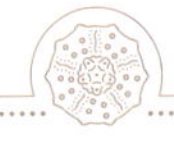

85.

Phyllacanthus irregularis
バクダンウニ属の1種

世界最大のキダリス目のウニ

この堂々たるウニは、現在生きている中で世界最大のキダリス目の1種です。穴の開いた大きな棘疣(とげいぼ)は、鉛筆のように太く先が丸い棘を支えています。地球の歴史を通じて海とともにあった数千種ものキダリスの1つで、古めかしい雰囲気を備えています。キダリスの化石は世界中で広く発見されており、数百万年前からほとんど変わっていないことが分かっています。

学　名：*Phyllacanthus irregularis*
産　地：オーストラリア、西オーストラリア州、ヒラリーズ沖
水　深：30 m
サイズ：殻径105 mm

棘のある個体

流線型の素早いウニ

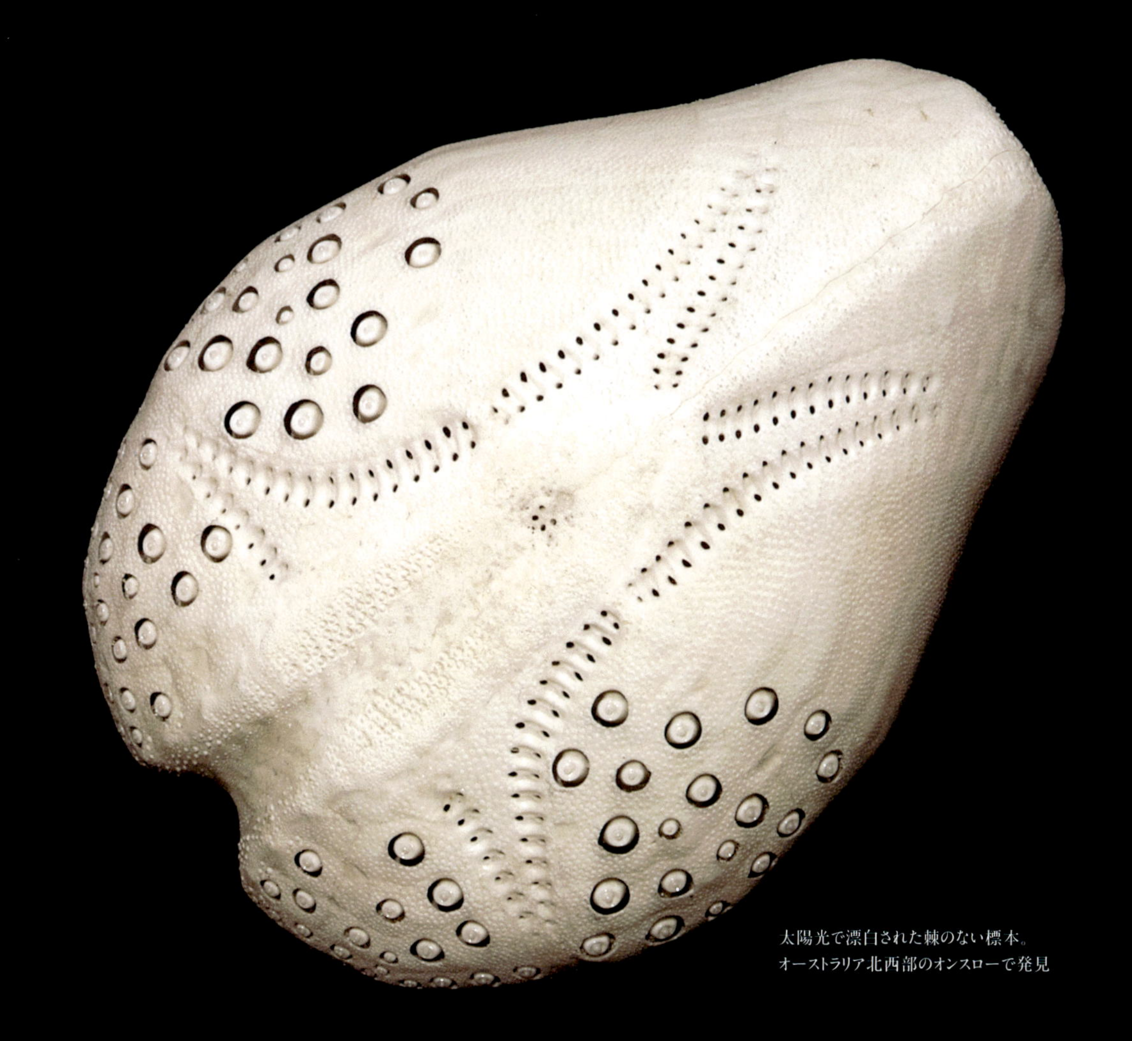

太陽光で漂白された棘のない標本。
オーストラリア北西部のオンスローで発見

86.

Lovenia elongata
ヒラタブンブク

この熱帯に生息するブンブクは、挑発を受けると、上面にある曲がった棘を逆立たせます。普段は砂の下に隠れ住んでいて、とても素早く潜ることができますが、干潮時に稀に見ることができます。

学　名：*Lovenia elongata*
産　地：オーストラリア、ニューサウスウェールズ州、ボタニー湾
水　深：15 m
サイズ：殻長79 mm

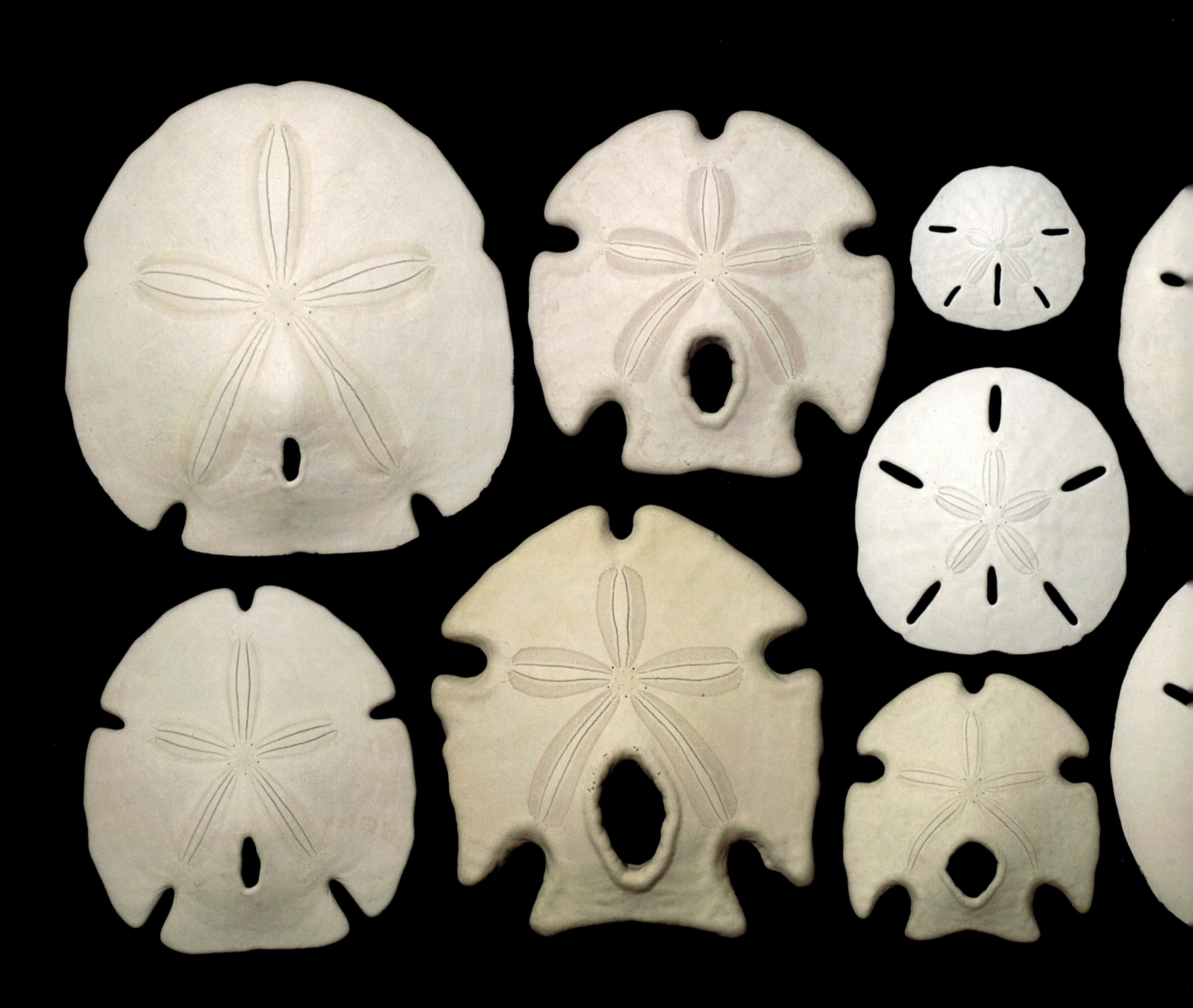

すかし孔をもつカシパン

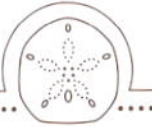

87.

Lunulate Sand Dollars
すかし孔をもつカシパン

これらのエキゾチックなスカシカシパンの仲間は、殻の切れ込みやすかし孔の数が若干異なります。*Encope aberrans*（アメリカスソカケカシパン属の1種）①、*Encope grandis*（アメリカスソカケカシパン属）②、*Encope michelini*（アメリカスソカケカシパン属）⑤では、すかし孔が閉じておらず、殻に食い込んだ切れ込みとなっています。*Encope micropora*（アメリカスソカケカシパン属）④、*Leodia sexiesperforata*（ムツアナカシパン）⑦、*Astriclypeus mannii*（スカシカシパン属の1種）⑧、*Mellita kanakoffi*（アメリカスカシカシパン属の1種）③では、切れ込みは殻の端で閉じており、すかし孔となっています。

学　名：*Encope aberrans*（アメリカスソカケカシパン属の1種）①
Encope grandis（アメリカスソカケカシパン属の1種）②
Mellita kanakoffi（アメリカスカシカシパン属の1種）③
Encope micropora（アメリカスソカケカシパン属の1種）④
Encope michelini（アメリカスソカケカシパン属の1種）⑤
Encope emarginata（アメリカスソカケカシパン属の1種）⑥
Leodia sexiesperforata（ムツアナスカシカシパン）⑦
Astriclypeus mannii（スカシカシパン）⑧

産　地：アメリカ大陸、メキシコ、フィリピン

水　深：干潮時の海岸

サイズ：最大の標本で殻長122 mm

生きた*Encope michelini*（アメリカスソカケカシパン属）④。
メキシコのユカタン半島で発見

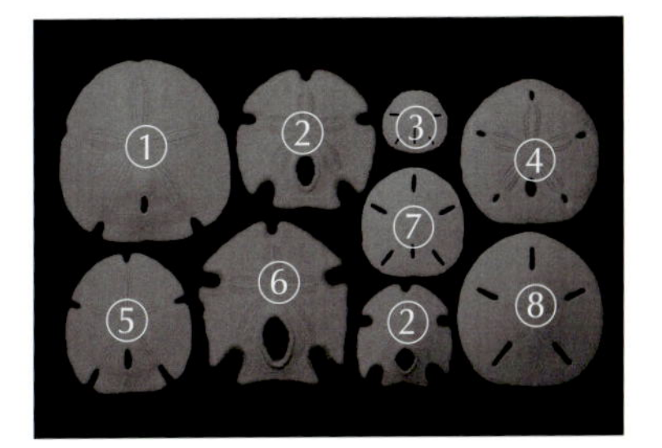

真紅に染まったウニ

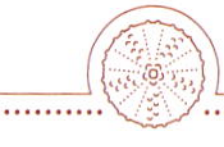

88.

Holopneustes sp.

サンショウウニ科の１種

この最近記録されたウニは、潮間帯に生息しており、色と形がオーストラリア南部の他の種と似ていたため、長年にわたって取り違えられてきました。その濃い赤色は際立っていますが、それだけでは他の種から見分けるためには不十分な特徴です。殻板の細部を顕微鏡で調べることで、正確に同定できます。

学　名：*Holopneustes* sp.
産　地：オーストラリア、南オーストラリア州、シール・ベイ
水　深：1.5 m
サイズ：殻径50 mm

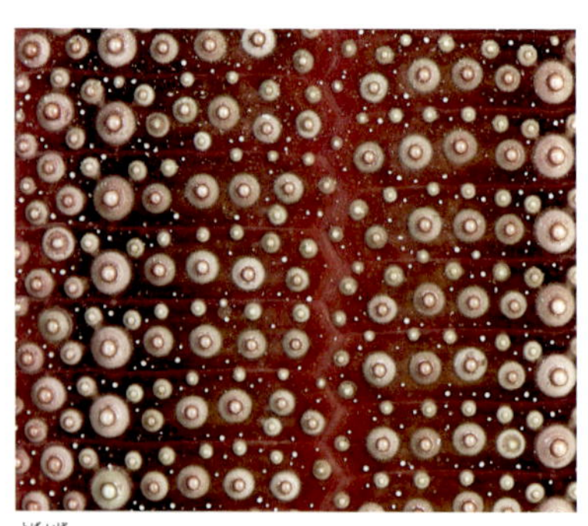

棘疣の分布を示す拡大写真

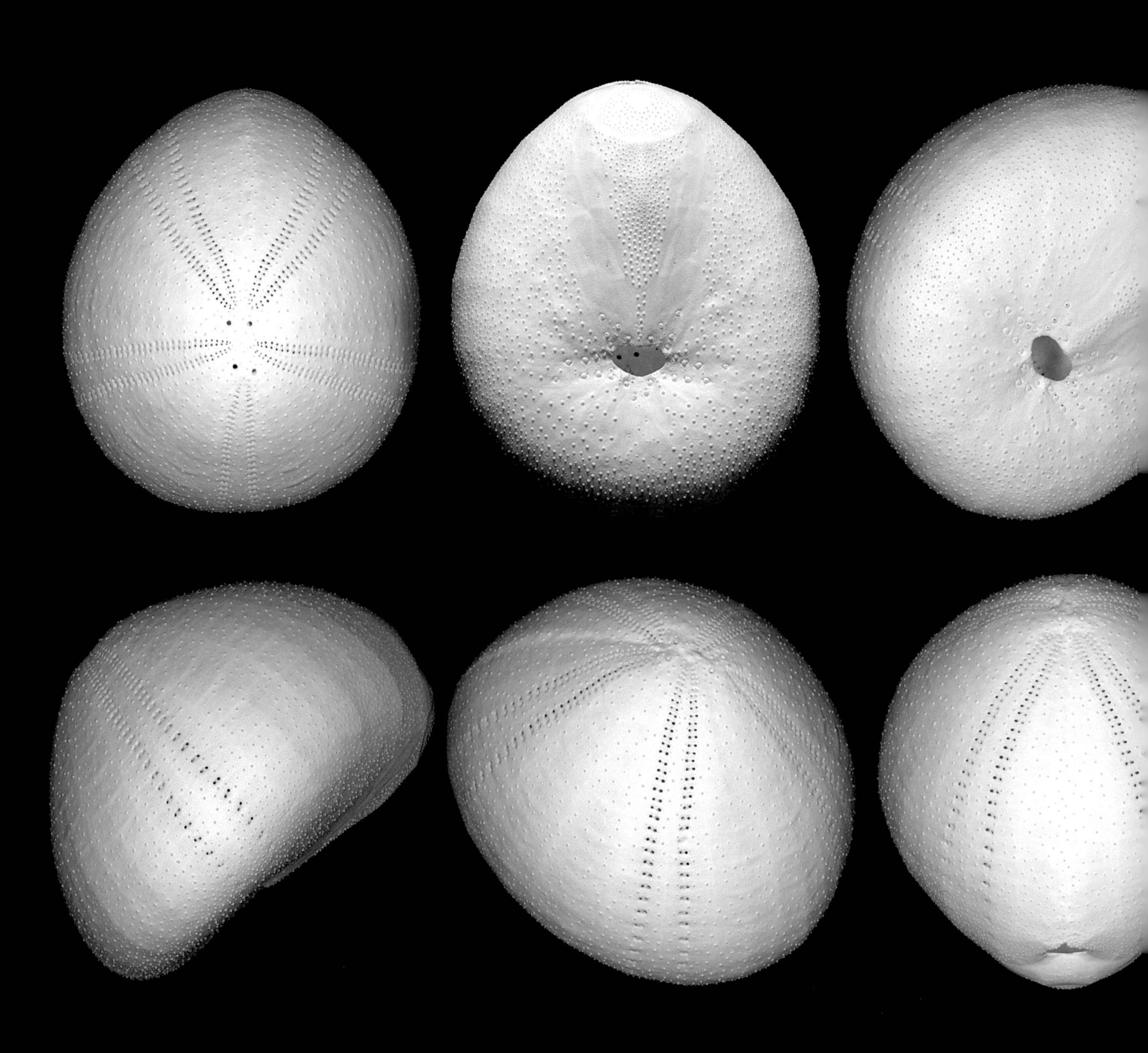

背の高いドーム型のウニ

89.

Corystus relictus
イシブンブク

Corystus relictus（イシブンブク）は、「ブンブクモドキ」として知られるウニのグループに属します。表面的にはブンブクと似ていますが、いくつかの違いがあります。この脆い種は、堆積物の中に潜らずに表面に留まります。また、生きているときには数多くの短い棘を持ち、濃い紫色をしています。

学　名：*Corystus relictus*
産　地：フィリピン、シキホル島
水　深：250 m
サイズ：殻長65 mm

棘のある個体

ピンク色が美しいウニ

90.

Echinometra mathaei
ホンナガウニ

放射相称のほとんどのウニは円形ですが、ナガウニ科の一部のウニは楕円形をしています。楕円形になっているのは、岩礁の割れ目やサンゴ岩の露頭に隠れるためです。恐らく最もありふれた熱帯ウニで、インド-太平洋全域に分布しています。

学　名：*Echinometra mathaei*
産　地：フィリピン、セブ島
水　深：干潮時の海岸
サイズ：殻長50 mm

オーストラリア、ニューサウスウェールズ州のポート・スティーブンスで見つかった生きた個体

切れ味鋭い棘を持つウニ

91.

Prionocidaris baculosa
ノコギリウニ

明るい栗色と黄色を帯びたこのウニは、頻繁に漁網に引っかかり、細かい棘が多いために網に絡まって取れにくくなります。1個体の中に、縞々だったり、滑らかだったり、鋸歯(きょし)状(じょう)だったり、細かかったりとさまざまな形状の棘を持ちます。

学　名：*Prionocidaris baculosa*
産　地：フィリピン、マスバテ島
水　深：20～30 m
サイズ：殻径61 mm

先細の棘を持つフィリピンの個体

淡い色合いのウニ

92.

Amblypneustes pallidus
サンショウウニ科のウニ

この南オーストラリア州固有のウニは、淡い色合いをしています。日中には海草や藻類の中に隠れ、季節外れの天気に見舞われると浜辺に大量に打ち上げられます。この個体の棘は紫色ですが、異なる色の棘を持つ個体もあります。殻の色も、その分布に応じて茶色、紫色、薄緑色の場合があります。

学　名：*Amblypneustes pallidus*
産　地：オーストラリア、南オーストラリア州、エディスバーグ、ワットル・ポイント
水　深：干潮時の海岸
サイズ：殻径38 mm

棘のない同色個体の標本

生きた化石ウニ

93.

Apatopygus recens
ニュージーランドマンジュウウニ

これは現存するウニの中でも原始的なグループの1つです。ウニの「生きた化石」であり、粗礫(それき)の中に部分的に埋まった状態で生息しています。ニュージーランドの比較的浅い海だけで発見されていますが、近縁種の*Apatopygus occidentalis*（ニュージーランドマンジュウウニ科の1種）は西オーストラリア州の沖合で見つかっています。現在生きた状態で発見されているのはこれら2種のみです。

学　名：*Apatopygus recens*
産　地：ニュージーランド、フォーボー海峡
水　深：20〜25 m
サイズ：殻長32 mm

オーストラリア、西オーストラリア州のスワンボーンの西で見つかった*Apatopygus occidentalis*（ニュージーランドマンジュウウニ科の1種）

94.

Coelopleurus maculatus
ベンテンウニ

5つの間歩帯は、白地に紫がかった斑点があり、赤褐色の境界線で両側を区切られています。この種は個体ごとに色合いに大きな差がありますが、必ず赤と緑の縞模様の棘を持っているため、ここを見ることで同属他種から確実に区別することができます。

学　名：*Coelopleurus maculatus*
産　地：フィリピン、バリカサグ島
水　深：120 m
サイズ：最大の標本で殻径28 mm

緑と赤の補色関係が美しいウニ

縦のくぼんだ模様に特徴があるウニ

95.

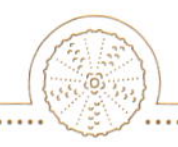

***Printechinus* sp.**
サンショウウニ科の1種

殻板(かくばん)間の境界を縦に走る縫合線は若干くぼんでおり、アップした写真で確認することができます。蜂蜜色の間歩帯の模様は、明るい色の歩帯とコントラストを成しており、白い棘疣(とげいぼ)は表面に粉をまぶしたようにも見えます。この種は海岸から遠い海域の深海に生息しているため、稀にしか見ることができません。

学　名：*Printechinus* sp.
産　地：太平洋、
ヒュオン島-グランドパッセージ一帯
水　深：350～700 m
サイズ：最大の標本で殻径32 mm

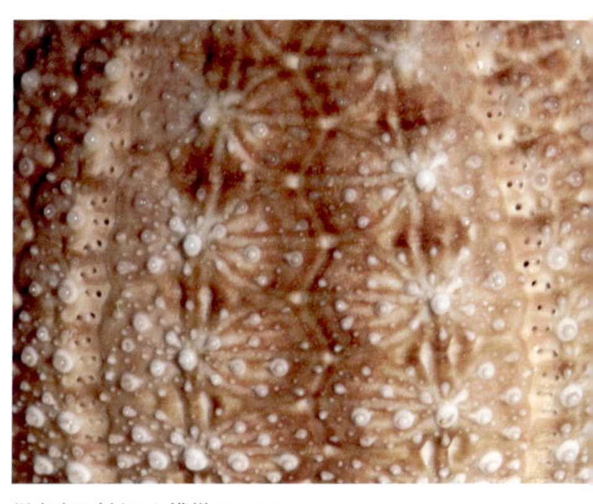

縦方向に刻まれた模様のアップ

まん丸とした地球のようなウニ

96.

Echinus acutus
アクタスオオウニ

この大きな種は、地中海風の暖色が特徴です。縫合線が細いオレンジ色のジグザグ模様を描いており、ここから殻板(かくばん)全体にわたって茶色のグラデーションに変化しています。下半分から底面へ近づくにつれ、殻板(かくばん)の境界を強調する白い縞が大きく広がっていきます。

学　名：*Echinus acutus*
産　地：イタリア、ティレニア海、
　　　　サルデーニャ島、オロゼイ湾沖
水　深：20 m
サイズ：殻径109 mm

棘疣(とげいぼ)の分布とジグザグ模様の縫合線

色のバリエーションが楽しめるウニ

97.

Temnopleurus alexandri
サンショウウニ属の1種

このウニは、棘と殻のどちらにも豊富な色のバリエーションがあり、さまざまな組み合わせが知られています。写真の2つの標本は、オーストラリア東部で見られる一般的なもので、淡緑色と紫色の帯を確認できます。同じ海域で純白のアルビノの個体も発見されていますが、他のバリエーションと比べれば希少です。

学　名：*Temnopleurus alexandri*
産　地：オーストラリア、ニューサウスウェールズ州、ショール・ベイ
水　深：2 m
サイズ：殻径67 mm

自然な環境にいる生きた個体

石ころほどの小さなウニ

98.

Fibulariella acuta
コメツブウニ

この小さなウニの半透明の管足が完全に伸びている状態を見られることは稀です。各管足の先端には吸盤が付いており、この吸盤で砂の粒子をつかむことで砂の中に潜ります。サイズが小さく、同色の砂の中に容易に溶け込むために、野外で見つけることはほとんど不可能です。

学　名：*Fibulariella acuta*
産　地：オーストラリア、ニューサウスウェールズ州、ショール・ベイ
水　深：4 m
サイズ：殻長9 mm

生きた個体は、光が当たると数分以内に潜る

柔らかい殻を持つウニ

99.

Asthenosoma varium
ミナミフクロウニ

この属のウニは、有毒な棘を持っています。殻が柔軟なため、特に乾燥時には不規則な形状になることがあります。殻板が何列も重なり合っており、生きているときにはウニは自らの殻を伸縮することができます。「すべてのウニは硬い殻を持っている」という先入観が打ち破られます。棘のない乾燥状態の殻は非常に軽いです。

学　名：*Asthenosoma varium*
産　地：フィリピン、セブ島、オスロブ
水　深：200〜250 m
サイズ：殻径85 mm

無傷な棘のある標本

世界のウニ

100. 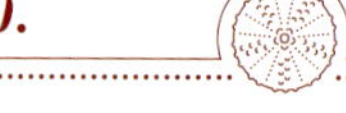

Worldwide Sea Urchin
世界のウニ

この写真は、世界中のウニの多様性を見事に示していると言えるでしょう。世界の海で見つかるウニのカラーバリエーションを構図にすべて含めるために、数千もの標本の中から、これらのエキゾチックな標本が選び抜かれました。

著者紹介

アシュリー・ミスケリー
Ashley Miskelly

1968年オーストラリア・シドニー生まれ。オーストラリアとインド - 太平洋地域に生息するウニの研究を1年中行っている。2002年にオーストラリアとインド - 太平洋のウニの図鑑である"Sea Urchins of Australia and the indo- Pacific"を出版、以降ウニの隠された魅力をより多くの人に伝える活動をしており、この写真集には、これまでの活動のすべての情熱が注がれている。

オーストラリア唯一のウニの分類学者であり、オーストラリア全土の博物館と共同で、深海調査により発見されたウニを同定している。世界の珊瑚礁調査(Worldwide Census of Coral Reefs)にも参画し、クイーンズランド沖のグレート・バリア・リーフ、オーストラリアの西部のニンガルー・リーフで調査を行っている。

1995年から個人で始めたプロジェクトとして、シドニー港に生息するウニの個体数をモニタリングし、撮影する活動も続けている。その活動を通して、16種類ものウニの新種を発見している。この本に収められた多くの写真は、自身の膨大なウニの標本コレクションから撮影されている。

発行所紹介

ウサギノネドコ京都店 カフェ

ウニの骨のアクリル封入標本～「Unimaru」

株式会社ウサギノネドコ

www.usaginonedoko.net

京都を拠点に「自然の造形美を伝える」活動を行う。代表はクリエイティブディレクターの吉村紘一。自然の造形美を伝える店舗「ウサギノネドコ」を京都と東京で展開している。

2014年にウサギノネドコ京都店にて世界中から集めた100種を超える標本を展示販売する「ウニ展」を開催。そこでこの本の原書である「Sea Urchins of the World」の販売を始めたことがきっかけとなり、アシュリー・ミスケリー氏との交流が始まる。以来、多くの人にウニの魅力を伝えるイベントや、プロダクトを数多く手がける。

より多くの人にウニの魅力を伝えることを目的にアシュリー・ミスケリー氏に日本語版の製作を提案し本書が実現する。

2014年7月　「ウニ展」の開催。
2015年7月　「自然の造形美展2 ウニのない人生なんて」の開催。
2016年1月　代表・吉村がオーストラリア在住のアシュリー氏を訪問。
2018年2月　ウニの骨のアクリル封入標本～「Unimaru」の発売。
2018年6月　2回目の「ウニ展」の開催。

あなたが知らないウニの世界

Diversity,
Symmetry
& Design

2019年10月1日初版第1刷　発行

著者　アシュリー・ミスケリー（© Ashley Miskelly）

発行者　吉村紘一

発行所　株式会社ウサギノネドコ
〒601-8381
京都府京都市南区吉祥院西ノ茶屋町46-4-2F
電　話　075-366-6556
ファックス　075-366-6557
http://www.usaginonedoko.net

訳　坪田 征（ブレインウッズ株式会社）

監訳　田中 颯

ブックデザイン　赤山朝郎（有限会社オフィスティ）

DTP　八木ひとみ（有限会社オフィスティ）

印刷・製本　株式会社サンエムカラー

乱丁・落丁はお取替えいたします。

ISBN 978-4-600-00214-5

COVER
表　紙　P.98　*Heterocentrotus mammillatus*（パイプウニ）
裏表紙　P.38　*Microcyphus rousseaui*（アバタウニ属の1種）